行\知\茶\文\化\丛\书

大倚邦传奇

——从倚邦到象明：四座古茶山的前世今生

马哲峰　著

中州古籍出版社
·郑州·

图书在版编目（CIP）数据

大倚邦传奇：从倚邦到象明：四座古茶山的前世今生 / 马哲峰著．—郑州：中州古籍出版社，2024. 5
（行知茶文化丛书）
ISBN 978-7-5738-1371-8

Ⅰ.①大… Ⅱ.①马… Ⅲ.①茶文化－云南 Ⅳ.①TS971.21

中国国家版本馆 CIP 数据核字（2024）第 072829 号

大倚邦传奇——从倚邦到象明：四座古茶山的前世今生

丛书策划 韩　朝
责任编辑 崔李仙
责任校对 张　颖
装帧设计 赵启航

出 版 社 中州古籍出版社（地址：郑州市郑东新区祥盛街 27 号 6 层
邮编：450016 电话：0371-65788693）
发行单位 河南省新华书店发行集团有限公司
承印单位 河南新华印刷集团有限公司
开　　本 710 mm × 1000 mm 1/16
印　　张 24
字　　数 245 千字
版　　次 2024 年 5 月第 1 版
印　　次 2024 年 5 月第 1 次印刷
定　　价 88.00 元

《行知茶文化丛书》编委会

知行合一，习茶之道

“行知茶文化丛书”序

郭孟良

好友马君哲峰，擅于言更敏于行，中原茶界活动家也。近年来创办行知茶文化讲习所，致力于中华茶文化的教育传播。他一方面坚持海内访茶、习茶之旅，积累实践经验，提升专业素养，并以生花妙笔形诸文字，发表于纸媒或网络，与师友交流互鉴；另一方面在不断精化所内培训的同时，走进机关、学校、社区、企业，面向公众举办一系列茶文化专题讲座，甚得好评。今整理其云南访茶二十二记，编为《普洱寻茶记》，作为“行知茶文化丛书”的首卷，将付剞劂，用广其传，邀余为序。屡辞不获，乃不揣浅陋，以“知行合一，习茶之道”为题，略陈管见，附于卷端，以为共勉。

知行合一，乃我国传统哲学的核心范畴，所讨论的原是道德知识与道德践履的关系。《尚书·说命》即有“非知之艰，行之惟艰”的说法。宋代道学家于知行观多有探索，朱子集其大成，提出了知行相须、知先行后、行重于知等观点。至明代中叶，阳明心学炽盛，以良知为德性本体、致良知为修养方法、知行合一为实践工夫、经世致用为为学旨归，从而成就知行合一学说。以个人浅见，知行合一可以作为茶人习茶之道，亦可以作为“行知茶文化丛书”的理论支撑，想必也是哲峰创办行知茶文化讲习所的初衷。

知行本体，习茶之基。知行关系可以从两个层面来理解，一般来说，知是一个主观性、人的内在心理的范畴，行则是主观见之于客观、人的外在行为的范畴；而就本体意义上说，二者是相互联系、相互包含，不可割裂，也不能分别先后的，“知之真切笃实处即是行，行之明觉精察处即是知”。茶文化的突出特征是跨学科、开放型，具有综合效应、交叉效应和横向效应，既以农学中唯一一个以单种作物命名的二级学科茶学为基础，更涉及文化学、历史学、经济学、社会学、民俗学、文艺学、哲学等相关学科，堪称多学科协同的知识枢纽，故而对茶人的知识结构要求甚高。同时，茶文化具有很强的实践性特征，表现为技术化、仪式化、艺术化，需要学而时习、日用常行、著实践履。因此，茶文化的修习必须坚持知行本体，以求知为力行，于力行中致知，其深层意蕴远非简单的“读万卷书行万里路”所可涵盖。

知行工夫，习茶之道。阳明先生的知行合一既是一个本体概念，更是“一个工夫”“不可分作两事”。这与齐格蒙特·鲍曼“作为实践的文化”颇有异曲同工之妙。一方面，“知是行的主意，行是知的工夫”“真知即所以为行，不行不足以谓之知”，作为主观的致知与客观的力行融合并存于人的每一个心理、生理活动之中，方可知行并进；另一方面，“知是行之始，行是知之成”，亦知亦行、且行且知是一个动态的过程。茶文化的修习亦当作如是观，博学之，也是力行不怠之功，笃行之，只是学之不已之意；阅读茶典、精研茶技是知行工夫，寻茶访学、切磋茶艺何尝不是知行工夫；只有工夫到家，方可深入堂奥。从现代意义上说，就是理论与实践相统一。

人文化成，习茶之旨。阳明晚年把良知和致良知纳入知行范畴，“充拓”“至极”“实行”，提升到格致诚正修齐治平的高度。茶虽至细之物，却寓莫大之用，成为中华优秀传统文化的重要载体，人类文明互鉴和国际交流的元素与媒介。在民族伟大复兴、信息文明发轫、文化消费升级的背景下，茶文化的修习与传播，当以良知笃行为本，聚焦时代课题、家国情怀、国际视野，以茶惠民，清心正道，以文化成，和合天下，为中华民族共同体和人类命运共同体的构建发挥其应有之义。

基于上述认识，丛书以“行知”命名，并非强调行在知前，而是在知行合一的前提下倡导力行实践的精神。作为一个开放性的丛书，我们希望哲峰君的寻茶、讲茶之作接二连三，同时更欢迎学界博学、审问、慎思、明辨的真知之作，期待业界实践、实操、实用、实战的笃行之作，至于与时俱进、守正开新的精品杰构、高峰之作，当寄望于天下茶人即知即行，共襄盛举，选精集粹，众志成城，共同致力于复兴中华茶文化、振兴中国茶产业，以不辜负这个伟大的新时代。

戊戌春分于郑州

郭孟良，历史文化学者，茶文化专家，出版有《中国茶史》《中国茶典》《游心清茗：闲品〈茶经〉》等著作。

目录

从倚邦到象明：四座古茶山的前世今生

信史所记的普洱茶及六大茶山历经清代、民国与新中国三个时期，约略划分为六个阶段。从前的倚邦，现在的象明，它们都与四座古茶山的前世今生紧紧缠绕在一起。

入清以后，六大茶山归入元江府治下，人们对其所知甚少，这个时期的倚邦才刚刚崭露头角。

顺治元年（1644）清王朝统治者入驻北京，而后花了将近40年的时间荡平对手。清初南明永历政权存续时间长达16年，永历皇帝流窜于两广、湖南与云南，最后逃亡缅甸。康熙元年（1662）被吴三桂处决，同年，永历帝的部将李定国死于勐腊，民间为其建有汉王庙。民间传说，藏匿于百姓中的一位南明王子被官军处死，由此就有了曼松王子山、王子坟的说法。据说为了掘断龙脉，坟前被挖有深深的沟壑，至今历历可见。

顺治十六年（1659）车里归顺清朝后编隶元江府。康熙三年（1664），调元江府通判移驻普洱，车里十二版纳仍属宣慰司。云南王吴三桂于康熙十二年（1673）发动叛乱，直至康熙二十年（1681）被平定，清廷才算是掌控了云南。成书于康熙三十年（1691）的《云南通志》中记载："普耳茶，出普耳山，性温味香，异于他产。""莽支山、茶山，二山在城西北普洱界，俱产普茶。"直到这个时候，清廷对普洱茶的了解仍然有限。康熙五十三年（1714）《元江府志》载曰："普洱茶，出普洱山，性温味香，异于他产。""莽支山、格登山、悠乐山、迤邦山、蛮砖山、驾部山，六山在城西南九百里普洱界，俱产普茶。"随着清廷对云南的控制加强，普洱茶及六大茶山进入了官方视野。

康熙六十一年（1722），世宗即位，云贵总督高其倬在《筹酌鲁魁善后疏》中奏称："云南历来野贼头目……井盐挨日收课，商茶按驮抽银。"流官政权鞭长莫及，土司政权管控不力，以致茶山为流寇所盘踞。土司政权的本质是国中之国，这与清廷的大一统中央集权体制相抵牾。

雍正朝鄂尔泰出任云贵广西总督，在皇帝授意下大力推行改土归流。改土归流的土司有十三家半，因为车里宣慰司所辖地区只有澜沧江以东的版纳部分改土归流，所以史家将其算作半家。

围绕改土归流设立普洱府，鄂尔泰与雍正皇帝之间往来有多份奏折及批复，在这些奏折与批复中，已经显现出君臣二人对改土归流及善后工作的政治设想与统筹规划。雍正十一年（1733），新任云贵总督尹继善奏请善后事宜，倚邦土弁曹当斋、易武土弁伍乍虎分别被授为土千总、土把总。乾隆四年（1739），兵部议复从云南总督庆复奏请，倚邦曹氏后代、易武伍氏后代在承袭时均给土把总衔，为倚邦曹氏、易武伍氏世袭统领六大茶山做出了制度性安排，开启了六大茶山的历史新篇章。

雍正《云南通志》载曰："（普洱府）茶，产攸乐、革登、倚邦、莽枝、蛮耑、慢撒六茶山，而倚邦、蛮耑者味较胜。"这就是后世公认的六大茶山。

清代普洱茶及六大茶山进入鼎盛都是在普洱府时期，自倚邦曹氏土司统领四大茶山之后，长达近两百年的时间里，广义上的倚邦一直包含四大茶山在内，我们称其为大倚邦，历代倚邦土司都在历史上留下了或深或浅的印迹，每个时代的人们都用生命谱写出无数的传奇。

作为开创家族基业的倚邦首任土司，曹当斋深知自己手中的权力来自朝廷，他以身作则并教导子弟兢兢业业为朝廷效命。乾隆二年（1737），清廷敕封曹当斋为“昭信校尉”，其妻叶氏为“安人”，肯定了曹当斋任职期间的政绩。此外，曹当斋还与一些有实力的商人进行协作，乾隆六年（1741）修建蛮砖会馆时，他也捐银以助。

曹当斋的职责并不轻松，其要务之一是奉上峰之命为朝廷采办贡茶，还要应对各级流官政府官员的层层加码。乾隆十三年（1748），他统领手下四山头目将云贵总督张允随所下有关茶政的行政命令铭刻在石碑上，晓谕官民共同遵守。这是首次明确倚邦土司管理的辖区为四大茶山。随着曹当斋统治地位日益稳固，其“曹”姓的书写方式发生了改变，头两笔为一点一横的写法成为惯例，被尊称为“官清曹”。

在流官政权思茅厅与土司政权车里宣慰司的双重管辖之下，倚邦土司要承担来自上级流土政权摊派的双重负担。除此之外，还要带领兵丁随官军平叛与抵抗外敌的入侵。乾隆三十一年（1766），云贵总督杨应琚奏请赏给清缅战争期间奋勉出力的曹当斋土守备职衔。此后，曹当斋夫妇率领家人重新修缮了父母的墓。由于清廷在清缅战争中整体失利，直至乾隆三十八年（1773）曹当斋过世，也没能等来朝廷授予他与其职衔相配的爵位。

曹当斋的子孙为他修建了堪称豪华的墓茔，其墓茔历经岁月沧桑，至今依稀可辨往日风貌。

乾隆四十二年（1777），清廷敕封倚邦第二代土司曹秀为“奋武郎”，其妻陶氏为“孺人”。陶氏身为命妇，在嘉庆二十二年（1817）过世后，朝廷为了表彰其守节行为，为其敕建了贞节牌坊。在其故址大黑山，曾经代表尊荣的敕封碑躺倒在草丛中，雕刻精美的龙头仰望苍穹；斥巨资修建的贞节牌坊，各种建筑石构件散落四处，造型呆萌的石狮子凝视着远方。

乾隆五十四年（1789），易武土司地漫撒新建石屏会馆落成，所立功德碑如今存放于易武茶文化博物馆，碑文中排在捐资首位的是“世袭管理茶山一带地方部厅曹”，捐银伍拾两。可见时任倚邦土司与石屏籍客商之间关系融洽。时任倚邦土司所署职衔，凸显的是倚邦土司衙门的称号。不难想见，在成为世袭土司家族之后，倚邦土司营建了土司衙门，其职权得到了上级流土政权的认可。

嘉庆二十四年（1819），倚邦第四代土司曹辉业病故，其子曹铭承袭土司职位。道光六年（1826）前后，牛滚塘五省大庙重修，时任倚邦土司曹铭奉银五两。可见倚邦土司始终重视与商人搞好关系，参与社会公共事务。曹铭的名字还出现在道光十六年（1836）落成的永安桥碑的捐资名单中，据碑文记载，世袭倚邦军功司厅曹铭捐银三十两，协办倚邦军功司厅曹辉廷捐银二十两。从中可以看出，作为长辈的曹辉廷辅佐侄子曹铭治理倚邦土司地。曹铭于道光十五年（1835）过世，捐资修桥应该是他生前的行为。

曹铭死后，其子曹瞻云承袭土司职位。同年，道光《云南通志稿》书成。书中对六大茶山有两种不同说法：一种是延续了檀萃《滇海虞衡志》的记载，宣称六大茶山是攸乐、革登、倚邦、莽枝、蛮耑与慢撒；另一种是据《思茅厅采访》，确定六大茶山为倚邦、架布、嶍崆、蛮砖、革登与易武。表面看起来两者有明显的差异，实际上并无本质的不同。前者指的是既往承担贡茶与钱粮分派的辖区，后者是当时承担贡茶与钱粮分派的辖区，它们都在倚邦土司的管辖范围内，倚邦土司根据实际情况进行动态调整。

道光《云南通志稿》中援引了阮福的《普洱茶记》一文。作为云贵总督阮元的儿子，阮福将自己见到的《贡茶案册》记载了下来。普洱贡茶每年由云南布政司库动支一千两白银，交由思茅厅转发采办，包括锡瓶、缎匣、木箱等。贡茶总共有三个品类八种花色：紧团茶五种，包括五斤重大普茶、三斤重中普茶、一斤重小普茶、四两重女儿茶与一两五钱重蕊珠茶；散茶两种，包括瓶盛芽茶与蕊茶；匣盛普洱茶膏一种。这些都成了压在百姓身上的沉重负担。

据道光二十六年（1846）的一份倚邦通山头目预卖茶叶的立约记载，时任倚邦土司掌印官曹佐尧与通山头目十余人，将公费茶三十八担一支预卖给抚孤老太太，实受茶价银三百八十五两整。作为中人的是倚邦土司曹瞻云的师爷何允与许明，代字者名叫高国表，借款人签字画押。显然借款人并没有按时将茶叶交给抚孤老太太，这使得这张预卖立约更像是一场有预谋的骗局。其中透露出来的信息非常丰富，大致折算下来，当时一担茶合十两白银。换句话说，按照时价采办贡茶，算上包装在内，也只有一百担左右。更为重要的信息是时任倚邦土司曹瞻云已经拥有了辅助其统治的各种成员：任用亲族作为掌印官，聘请师爷作为智囊，雇佣有代书，任命通山头目作为爪牙。倚邦土司统治步入日趋完备的时期。

农耕时代，衣食仰给茶山的夷民百姓完全是靠天吃饭，丰年犹难自给，灾年常陷困窘。道光二十八年（1848）保全碑文描摹出了倚邦茶山遭灾后的社会生活图景。先是屡次经受火灾，财产荡尽。继因瘟疫盛行，采丁三殁其二，命都难保。时任思茅厅同知吴开阳召集倚邦土司及通山头目开会，最终决定改变税收的方式，从茶叶贸易环节开征附加税。这是仿照易武早有的先例，只是税率相差很大，易武每担茶抽银三分，倚邦每担茶抽银一两。若以预卖茶立约中每担茶市值白银十两计算，倚邦新增附加税为十分之一，无疑极大增加了茶商的贸易成本，此即茶号向易武迁移的诱因之一。

道光三十年（1850），《普洱府志》重修后刊行，“土司”卷中清楚记载：倚邦土把总管理攸乐、莽芝、革登、蛮砖、倚邦茶山，按每年定例承办贡茶；易武土把总管理漫撒茶山，协同倚邦承办贡茶。同卷中记载的还有倚邦土司、易武土司每年需上纳的钱粮数额，与保全碑中所记倚邦、易武征收的茶叶贸易附加税相较，倚邦需上纳的钱粮数额与所征收的茶叶贸易附加税，都是易武的三到四倍，倚邦土司署为“世袭管理倚邦一带地方总理茶政兼管钱粮事务军功司厅”，易武土司署为“管理易武一带地方钱粮茶务军功司厅”，将两者的权责相比较后一目了然。要知道，权责相系的背后，意味着贡茶及上纳钱粮带给百姓的沉重负担。这与现在将贡茶视为无上荣耀的认知天差地别。只有回到历史的情境中，才能洞悉事实的真相，即使它是那么残酷，也应当直面以对。

咸丰元年（1851），曹瞻云率众开掘了龙王井，功德碑上署名为“世袭倚邦一带地方总理茶政兼管钱粮事务军功部厅加一级曹”，这将他的职务与职责标得清清楚楚。同年，先后经历了丧夫、丧子之痛的曹辉业夫人伍氏去世。曹瞻云为诰授宜人的祖母伍太君办理了身后事，并且按照朝廷的礼仪规制在墓前竖立了两根石杆。后世石杆遭毁后，基部被石匠做成了舂盐巴的石臼。

光绪初年，倚邦茶山的商业尚属繁荣，绅商与雇工双方时发纠纷。光绪十三年（1887），时任思茅厅同知覃克振专门就绅商的诉求下发了一份民事纠纷裁定书，这份裁定书经由时任倚邦土司曹瞻云抄奉传达，并于次年被倚邦绅商勒石公告。这次官府站在了绅商一方，裁定倘有雇工亡故，以凶讯报知家属日截止支付工价，要求雇佣双方共同遵守。在此之前，倚邦土司曹瞻云已经升授土都司职衔，碑文开头即为“世袭管理倚邦一带地方总理茶政兼管钱粮事务军功都阃府曹抄奉”。西双版纳民族博物馆藏有一方倚邦土司印，章面刻有“守备衔世袭管理倚邦土把总曹瞻云之钤记”。这方印章道出了倚邦土司权责的实质，那就是在清廷的眼中，倚邦土司是七品土把总，即便是升授六品土千总或者五品土守备，抑或是四品土都司，都只是虚衔，实际上行使的还是土把总的权力。倚邦历任土司为了巩固自身的统治地位，依照流土政权的规制来称呼和营造自己的衙门，并且得到了认可。

光绪十七年（1891）正月间，曹瞻云奉委至江洪调节宣慰与猛遮之间的干戈，达成使命后在返程途中宿于攸乐三达寨内，遇匪行刺身受枪伤，赶到牛滚塘枪伤大发，于六月十一日毙命。是年八月，作为曹瞻云的姻亲，易武土司伍长春出具保结，证实曹瞻云原配伍氏无子嗣，将继配卫氏所生曹文彬过继给伍氏。曹文彬年甫十五岁，理宜申报承袭倚邦土司职位。同年十月，曹氏族亲具结状向上峰禀明曹瞻云遇害经过。曹瞻云自道光十五年（1835）接任倚邦土司至光绪十七年（1891）遇害，历经道光、咸丰、同治与光绪四朝，任期长达 56 年。

光绪二十三年（1897），《普洱府志》重修。其书载曰："榷六山为正供，周资雀舌。一攸乐山……一莽芝山……一革登山……一蛮砖山……一倚邦山……五山俱倚邦土司所管"。特别注明漫撒山即易武山，为易武土司管辖。这时的六大茶山虽仍然具有很高的声誉，实际的情形却有很大的不同。

光绪二十九年（1903），思茅厅同知谢宇俊曾下发札文，催倚邦土司收缴贡茶。贡茶按照茶叶分布面积划分管理，倚邦土司地分为曼松山、曼拱山、曼砖山、牛滚塘半山，共三山半，易武土司地的易武山、曼腊半山，共一山半，加上攸乐山，即为六大茶山。贡茶之外，黎民百姓还要缴纳钱粮，承受来自流土政权分派的双重负担。

从中华民国时期开始，普洱茶及六大茶山与家国的命运一道历经浮沉。在柯树勋主政的普思沿边行政总局时期，普洱茶及六大茶山经历了短暂的复兴。

民国元年（1912），民国云南军都督府颁发委令状，曹清民仍旧承袭倚邦土把总职位。

民国2年（1913），普思沿边行政总局缩减为八区，设第六区行政分局于易武，旋移治倚邦，领倚邦、易武、整董三土把总及竜得一土便委之地。

柯树勋的政治方案是“设流不改土”，即土官、流官并存，汉族和少数民族合治共守边疆的政治方略。之所以采取这种折中的施政策略，柯树勋坦然称其是效仿武侯诸葛亮。

土流共治的方案只能暂时掩盖双方的利益冲突，随着时日渐长与地方衰败，二者之间的矛盾不断激化。

民国15年（1926），柯树勋病逝。次年，其子柯祥晖与普洱道尹徐为光争夺普思主导权爆发武装冲突。民国17年（1928），柯祥晖落败后避走缅甸景栋。

民国16年（1927），普思沿边第六区筹划改设象明县。因境内有孔明、倚象两山，故名象明县。改县前后主政流官陈泽勋（在前为委员，在后为县长）下发行政命令，将征兵、筹款等事项转嫁到时任土司曹清民身上，双方矛盾激化。民国18年（1929），在武装冲突中落败的曹清民逃亡老挝的乌德等地，回途中病逝于整董。

改设县治当年，各土司代表即集体上书云南省府表示反对。嗣后又要求恢复土司职位，维护土司制度。柯树勋主政时期，流土官员分享利益，尚能保全土司职位，各土司还可以接受；改设县治后，土司权力被剥夺，必然导致群起反抗。

经卖牛筹款等多方活动后，民国25年（1936），曹仲书承袭倚邦土司职位，并在昆明接受中学教育。民国28年（1939），曹仲书成家后兼任第三区保长，并谋得小学教员职位。土司职权已经名存实亡，仅剩下曼路、曼赛、速底三傣寨作为私庄。

思茅解放后，1949年，曹仲书从思茅返回倚邦途中遇匪抢劫，中枪身亡，年仅三十三岁。嗣后，曹仲书胞弟曹仲益短暂代理倚邦土司职务。1954年，曹仲益到云南省民族学院学习后，被调往州上工作，全家搬往景洪。自此，倚邦曹姓土司家族退出了茶山的政治舞台，融入了新时代的潮流。通过探究倚邦曹姓土司家族不同时期的命运浮沉，可以看到四座古茶山的历史变迁。

民国 16 年（1927），象明改设县治，因其所辖区域、户口、经费不符设县条件，民国十八年（1929）象明县取消，将倚邦划归普文，易武划归镇越，整董划归猛烈。民国 20 年（1931），普文划归思茅，倚邦、竜得合并为象明乡。

从民国改设象明县起，其行政隶属屡经变更，背后的缘由在于政局动荡，经济不断走向衰落。倚邦曹氏土司的统治已经让位于流官政权，民国时期倚邦的复兴不过是昙花一现，盛世尚且难以负担流土政权钱粮摊派的黎民百姓，乱世之中更是性命难保，却还要经受各种盘剥。民国 30 年（1941）11 月至民国 32 年（1943）4 月，基诺族起义，战火燃遍六大茶山，倚邦街伏击战中燃起的熊熊烈火，将建筑财产化为灰烬，吞噬掉了倚邦最后的元气。此后，茶山陷入了半个多世纪的沉寂，等待着浴火重生。

新中国成立后，1953 年 1 月 23 日，西双版纳傣族自治区在景洪成立。同年，象明改属版纳勐旺，设办事处于倚邦。1958 年象明区划归易武县，建象明办事处，区政府驻倚邦。1969 年，改称公社，次年将公社驻地移至大河边。1988 年改区为乡，成立象明彝族乡，辖倚邦、曼拱、曼林、曼庄、新发、安乐、龙谷、大河边 8 个村公所。2000 年，象明彝族乡辖 5 个行政村：倚邦、安乐、曼林、龙谷、曼庄，下设 66 个村民小组。

计划经济年代普洱茶及六大茶山寂寂无闻。20 世纪 90 年代，普洱茶及六大茶山复兴，迎来兴旺发达的高速发展时期。

曾经的倚邦土司地，后来的象明彝族乡，始终管辖着莽枝、革登、倚邦、蛮砖四座古茶山。追述茶山的历史，记录茶山的当下，古往今来，这片土地上的人们书写着一代又一代命运的传奇。

第一章

致敬给予本书支持的莽枝茶人（按姓氏拼音排序）

柴忠红

车　纯

车万年

何　军

何智荣

黄国良

江　梅

李金翠

李志军

鲁　畅

马　连

孙　伟

王　辉

王剑玲

王剑荣

王应福

王云峰

王志江

王竹刚

王竹梅

文　建

文美荣

袁松山

袁文匡

张海相

张江洪

张玉仙

邹成五

莽枝茶山风云录

全民动员 全民参与
打赢扶贫攻坚战
贡茶之源 生态彝乡
古六大茶山—莽枝茶山
莽枝古茶山，位于象明乡西部，传说是孔明埋
铜（铓）之地，因此取名莽枝，辖区面积170平方公
里，现有茶园面积11248亩，包括今安乐、秧林、红
土坡、曼丫、董家寨、牛滚塘一、二组七个村民小组
明朝末年有内地商人进入莽枝山贩茶。清康熙初
年，莽枝茶山的牛滚塘是六大茶山重要的茶叶集
散地之一。鼎盛时期，莽枝茶山年产茶
担之多。
中共象明彝族乡委员会
象明彝族乡人民政府
牛滚塘进莽枝

六大茶山的故事，要从莽枝茶山讲起。

康熙三十年（1691）由范承勋、王继文监修，吴自肃、丁炜编纂的《云南通志》“物产”卷“元江府”条下载曰：“普耳茶，出普耳山，性温味香，异于他产。”“山川”卷“元江府”条下载曰：“莽支山、茶山，二山在城西北普洱界，俱产普茶。”此际的车里宣慰司尚在元江府治下，莽枝茶山由此进入史籍的记载。

康熙五十三年（1714）章履成《元江府志》“物产”卷载曰：“普洱茶，出普洱山，性温味香，异于他产。”“山川”卷载曰：“莽支山、格登山、悠乐山、迤邦山、蛮砖山、驾部山，六山在城西南九百里普洱界，俱产普茶。”这是六大茶山首见于官修史书的记载，莽枝茶山位列六大茶山之一。

统观历史背景不难看出，随着清廷逐步加强对云南的控制，普洱茶与六大茶山逐渐进入官方的视野。

康熙六十一年（1722），世宗即位，云贵总督高其倬在其《筹酌鲁魁善后疏》中奏称：“井盐挨日收课，商茶按驮抽银。”由此可见，早在康熙年间，已经有商人以身犯险深入茶山收购贩运普洱茶。奏疏的背后，酝酿着规模宏大的通盘筹划，一场席卷茶山的风暴已经蓄势待发。

雍正五年（1727），以莽枝茶山头人麻布朋事件为导火索，最终引发改土归流设立普洱府。复盘麻布朋事件的起因，主要有两种说法：其一是一段私情。江西籍客商与麻布朋之妻暗通款曲，麻布朋杀江西籍客商，诸商以“被盗劫杀”为由报官，清廷借此展开军事行动，最终促成雍正时期车里改土归流。这种茶山版的红颜祸水论出自乾隆二年（1737）倪蜕著《滇云历年传》，继而被后来的一系列志书收录，成为人们争相传播的绯闻事件。其二是商民放贷导致的纷争。故事见载于雍正《云南通志》。此书于雍正七年（1729）由鄂尔泰奉命纂辑，靖道谟总纂，成书于乾隆元年（1736）。书中对麻布朋事件的记述极为简略：莽枝茶山麻布朋、橄榄坝舍目刀正彦为叛，官军进剿，二人先后被擒获，叛乱被平定。雍正时期，在时任云贵广西总督鄂尔泰主持下，改土归流的土司共有十三家半，因为车里宣慰司所辖地区只有澜沧江以东的版纳部分被改土归流，所以史家将其算作半家。

仅就麻布朋事件而言，看起来私修的志书有意无意中迎合了大众的趣味，官修的志书倾向于宣扬正统观念。雍正五年（1727）十一月至雍正六年（1728）六月间，云贵广西总督鄂尔泰与雍正皇帝之间的五份奏折及批复，为我们复盘麻布朋事件提供了极其珍贵的第一手资料，从中可以看到莽枝茶山的社会生活面貌。奏折中称世居六大茶山的百姓为“窝泥”“彝”，事件的首犯“麻布朋、克者老二二人，原系窝泥渠魁”，事件中所涉众多人物都是少数族群，提及的莽枝茶山村寨有莽芝大寨、莽芝小寨、央列大寨、慢丫寨、慢五寨，显见茶山及村寨名皆源自少数族群的音译。莽枝茶山来往贸易的主要是汉民客商，多为来自云南省外的江西、湖广与省内迤西、大理、景东、石屏等地的人员。当地少数民族与外来客商之间发生仇杀，史料记载可见端倪：“据称茶商众客多以重利滚砌窝泥，故至麻布朋等肆行劫杀。”被抓获的案犯供称劫获的有马匹、马鞍、茶等物资。由此，一幅幅社会图景接连浮现。康熙年间，外来的客商以身犯险前往茶山，吸引他们的财富之源主要是普洱茶、盐等物资。流官政权与土司政权的势力都鞭长莫及的茶山，时常为外来的流寇盘踞，盛行的是强者为王的丛林法则，商人们唯有按照“井盐挨日收课，商茶按驮抽银”缴纳“保护费”。外来客商与当地少数民族之间维持着一种脆弱的平衡，当二者之间发生利益冲突或者情感纠葛时，就有一方会去打破这种平衡。由此使得当地少数民族“入则借采茶以资生，出则凭剽掠为活计”，在民与匪两种不同身份之间来回转换。这种局面为大清王朝统治阶层所不能容忍，推行改土归流成为雍正皇帝的既定国策，在他的股肱之臣鄂尔泰的强力推行下，设立普洱府只是改土归流一连串的成果之一，虽然结局并非尽如人意，但其无疑为稳定清帝国对云南地区的统治起到了促进作用，并为后世品饮普洱茶成为普世的风尚扫清了藩篱。

鄂尔泰给雍正皇帝的奏折中陈述了改土归流设立普洱府后的政治构想，其中重要的一点就是在倚邦设置土把总，并在此后成为现实，这实际上意味着茶山的政治、经济与文化中心的一次转移。换句话说，莽枝茶山头人麻布朋事件引发的改土归流，意外地促成了倚邦茶山的兴起。

雍正《云南通志》记载：“（普洱府）茶，产攸乐、革登、倚邦、莽枝、蛮耑、慢撒六茶山，而倚邦、蛮耑者味较胜。”普洱茶成为正式贡品，始于雍正年间。恐怕就连改土归流的幕后主使雍正皇帝与台前代理人鄂尔泰也没有想到，当年他们君臣在奏折中提及的六大茶山会成为后世人们向往的普洱茶圣地，那些村村寨寨大都成为举世追捧的古茶村落，历史早就在此埋下了伏笔。

追求文治武功、向以诸葛亮自比的鄂尔泰，洞悉雍正皇帝的心意，深谙统治的艺术。他在奉命纂辑的雍正《云南通志》中，将六大茶山名称来历巧妙地嫁接在了武侯诸葛亮身上。“古迹”卷“六茶山遗器”条目曰：“六茶山遗器，俱在城南境，旧传武侯遍历六山，留铜锣于攸乐，置铓于莽芝，埋铁砖于蛮耑，遗木梆于倚邦，埋马镫于革登，置撒袋于慢撒，因以名其山。”这明显是附会之说，这些茶山名称应当出自当地少数民族的语言。

雍正《云南通志》载：“普洱府，人多顽蠢，地寡蓄藏，衣食仰给茶山，服饰率从朴素，崇信巫鬼，未革夷风。”六大茶山少数民族有崇拜自然的习俗。“又莽芝山有茶王树，较五山茶树独大，相传为武侯遗种，今夷民犹祀之。”

从六大茶山名称的来历，到武侯遗种的莽枝茶王树，神道设教的统治理念如影随形，这种绝妙的安排对后世产生了深远的影响，时至今日祭祀茶祖诸葛亮成为了声势日渐浩大的民俗活动。

鄂尔泰与雍正皇帝往来的奏折与批复中，无意中描摹了被动卷入其中的世居茶山百姓的社会生活图景。改土归流设立普洱府之后，当地少数民族退居幕后，外来客商占据了茶山历史舞台的中心，这里成为他们争相前来淘金的乐土。

曼丫老寨有一处被村民称为关帝庙的遗址，修庙所立功德碑只剩下了残损的一角，碑上铭刻的日期为乾隆二十七年（1762），足以佐证曼丫寨的兴旺程度。红土坡人坚称他们是莽枝大寨的承继者。莽枝大寨三省大庙遗址犹存，还有一方嘉庆二十一年（1816）所立石碑，来自江西、湖广与云南的客商捐资修庙，可以想见那时客商云集的兴旺景象。牛滚塘街头曾经是五省大庙的遗址所在，劫后遗存有一方道光六年（1826）之后重修五省大庙的功德碑，如今被安置在牛滚塘品茶坊的茶室内，残存的碑文可以看出外来的众姓客商捐资修庙的艰辛历程。距离牛滚塘品茶坊不远处，近年新建有一个五省庙香火地界碑亭。红土坡、秧林附近的山野里，残留有几方嘉道时期的石碑。江西湾的密林中，陈姓家族墓地的地界碑尚存，曾经被误认为是指路碑。此外，尚有一些遭损毁的墓葬，残留有雕刻精美的石构件，无言地诉说着过往的历史。

一份始撰于咸丰九年（1859）的《刘氏家谱》，使得后人能够管窥过往的历史。它不仅是一个家族的私史，更是记述茶山的珍贵文献。这本家谱记述了刘姓先祖自乾隆年间离开江西老家，辗转在思茅营生，至嘉庆年间到茶山落脚，繁衍生息的历程，充满了曲折动人的故事。

再来看看反映时代背景的官修志书与文人著述的记载。檀萃著《滇海虞衡志》成书于嘉庆四年(1799),嘉庆九年(1804)由滇人师范付梓行世。其中“卷十一·志草木”中有一篇茶文,现将其摘录如下:

普茶,名重于天下,此滇之所以为产而资利赖者也。出普洱所属六茶山:一曰攸乐,二曰革登,三曰倚邦,四曰莽枝,五曰蛮耑,六曰慢撒,周八百里,入山作茶者数十万人。茶客收买,运于各处,每盈路,可谓大钱粮矣。

檀文所言,不无夸饰,但仍然部分反映出六大茶山商贾云集的繁荣景象。

阮元、伊里布监修,王崧、李诚主纂,成书于道光十五年(1835)的《云南通志稿》,援引有阮元之子阮福的一篇《普洱茶记》,对普洱茶详述备尽,盛赞普洱茶“名遍天下,味最酽,京师尤重之”。其中最为珍贵的是关于贡茶的记述。

道光三十年(1850)李熙龄所纂《普洱府志》“土司”卷下清楚地记载:倚邦土把总管理攸乐、莽芝、革登、蛮砖、倚邦茶山,按每年定例承办贡茶;易武土把总管理漫撒茶山,协同倚邦承办贡茶。六大茶山在普洱贡茶历史上具有无可辩驳的地位。

当我们把官方与私人编修的志书,乃至民间遗存的家谱与茶山上留下来的文物碑刻放在一起相互参证,乾嘉道时期莽枝茶山的社会图景宛如万花筒般展现在世人面前。省内外的各路客商不断涌入茶山,曼丫寨、莽枝大寨、秧林大寨成为莽枝茶山兴旺发达的村寨，相继修建起会馆。会馆作为庙馆合一的建筑，兼具祭祀、议事、食宿、放贷、商贸、娱乐等多重功能。江西湾成为外来江西籍客商的聚居地，他们努力坚守汉家风俗。承平日久，扎根茶山的客商将这里视同第二故乡，将过世的家人安葬在茶山，大家族甚至划定了家族墓地范围。他们展现出的非凡的社交能力与雄厚的财力，使其能够延请当朝的高官为过世的家人题写墓碑。外来客商不独有平民百姓，就连拥有低阶科举功名的人士也投身茶山事业。茶山出产的普洱茶有上贡朝廷的贡茶，更多的是货之远方的商茶。普洱茶声名日隆，在此时期迎来了史上的第一次发展高峰，为世人津津乐道。

光绪二十六年（1900），陈宗海组织编纂的《普洱府志》中亦有多处载明六茶山：攸乐山、莽芝山、革登山、蛮砖山、倚邦山、漫撒山，并注明漫撒山易名易武山。

民国时期的傣学大家李拂一先生著述颇丰，他在多本著作及文章中屡次提及六大茶山。如“驰名天下之普洱茶，即产于西双版纳之攸乐、革登、倚邦、莽枝、蛮耑及曼撒六大茶山”。并且言明当时人们大都以江内六大茶山一带所产者为“山茶”，江外产者为“坝茶”。六大茶山依然是普洱茶品质与声誉的象征。但另一方面，普洱茶的重心已经从倚邦、易武转向佛海，时代的巨轮已经转向。

民国30年（1941）11月至民国32年（1943）4月，基诺族起义，又一次改变了茶山的历史走向。

事件的起因归纳起来有两种说法：其一是强霸民女所致。据说是易武大地主杨安元相中了秧林的漂亮妹子曹凤珍，不顾后者已经嫁给攸乐人的事实，武装抢亲引发攸乐人报复，进而激发民变。听上去像是影视故事，即便被证明是无稽之谈，依然无法阻碍其广为流布。其二是由时任国民党车里县长王字鹅滥派壮丁、苛索粮款引起的。整个事件历时三年，战火燃及茶山，各种利益冲突、恩怨纠葛掺杂其间。秧林人张伯三担任总指挥发动倚邦攻击战，这场惨烈的冲突被倚邦人俗称为“火烧倚邦街”。事件最终以冲突双方相互妥协告一段落，但在深层次的意义上却成为扭转茶山走向的重大历史事件，导致茶山进一步跌落谷底。

历史发展往往就是如此出人意料，雍正年间的麻布朋事件促使清廷改土归流设立普洱府，间接促成了倚邦的崛起，相隔两百多年之后的基诺族起义直接导致了倚邦的衰落。更加令人不可思议的是两个事件的主角都是莽枝人，小人物一次又一次起到了触发风暴的蝴蝶效应。

《版纳文史资料选辑》第四辑中收录有两篇文章：其一是曹仲益所作《倚邦茶山的历史传说回忆录》，其中有段话：“五大茶山的由来，就是随着贡茶的负担，及茶叶分布面积，划分管理的一种形式。其中即倚邦的：曼松山，曼拱山，曼砖山，牛滚塘半山三山半；易武的易武山，曼腊半山一山半。故为五大茶山。如果加上攸乐一山，即为六大茶山。”其二是蒋铨所作《古“六大茶山”访问记》，详述其在 1957 年走访古六大茶山所作调研，其中有段话："莽芝即莽枝，位于倚邦区第四乡，又名勐芝大寨，与三乡革登只隔十五里，周围地区不大，实属革登茶山范围。"曹仲益曾经代任倚邦末代土司，他十分了解当时莽枝茶山的状况。蒋铨是云南省农科院茶叶研究所第一任所长，所记内容来自亲身实地调研。据此我们不难知晓，新中国成立前后的数十年间，莽枝茶山已经衰落到了何等地步。

自20世纪90年代开始，普洱茶产业复兴，六大茶山逐步走向繁荣昌盛，莽枝茶山的古茶村寨重新成为人们竞相追捧的明星产区。而今，入山寻源问茶的人们不独能够品尝到韵味悠远的莽枝古树茶，亦能在品读茶山厚重历史的过程中获得感悟与启迪，或许这才是茶山最令人着迷之处吧！

曼丫

人间四月天，茶人奔茶山。

癸卯年仲春，搭乘国航航班飞往西双版纳。拖着行李箱走出嘎洒机场的航站楼，友人王竹梅快步迎上来，接过我手中的行李，麻利地装进越野车的后备厢，一起驱车穿越景洪市区。这座地处热带雨林中的小城，新冠疫情防控放开后，早早恢复了车水马龙的喧嚣景象。车辆驶过澜沧江大桥，望着缓缓流淌的江水，恍惚间觉得过往的三年就像是做了一场梦。惊醒后的世人，无不奋力前行，期待春暖花开的时节，能迎来一个新的开端。

竹梅的安排妥帖周到，江畔伫立的一栋高楼里有家客栈，环境优美，闹中取静，最适合远道而来的旅人，安顿好疲惫的身心。一夜无梦，深度睡眠让人重新焕发活力。竹梅的爱人苗小攀一早就在楼下等候，用罢早餐后一道驱车前往山上。此行的目的地是竹梅的娘家，位于莽枝茶山的曼丫。

曼丫远眺

近年来，往返象明乡四大茶山与景洪城里，最优的路线就是翻越攸乐山的乡村道路。虽说路面窄了些，但对于历年来常跑茶山的人来说，这已经让人十分满足了。毕竟仅仅数年之前，这还是条全程坑洼不平的土路，晴天一身灰，雨天一身泥，除非是四驱越野车，否则根本想都不要想走这条路。万一搁在半道上，那可是叫天天不应，叫地地不灵。曾有以身犯险的友人，半道上干爆了轮胎，苦等一夜救援车，面对天价救援费，叫苦不迭，却又无可奈何。得益于村村通工程，常跑茶山的人走这条路线再无后顾之忧。一路上穿行在雨林中，若是秋冬季节，更有美不胜收的云海奇观，初次前来的人总忍不住发出声声赞叹。

攸乐山隶属于景洪市基诺乡。途经扎吕村的地界，远远就有森林防火的值勤人员挥舞着手中的小旗子示意我们靠边停车，登记车牌号与驾驶员的信息后挥手放行。竹梅的爱人苗小攀年少的时候因为一部电视剧迷恋上了西双版纳，大学毕业后便背着行李不管不顾地前往西双版纳，途经昆明时犯了难，初来乍到，他不知该怎么去往西双版纳。经好心路人指点，才搭乘昆明到景洪的长途客车抵达了梦想之地。后来经人引见，与竹梅喜结连理，他们的宝贝女儿如今已经十岁了。小攀回忆起当年辗转乘车、坐竹排、走路回曼丫的经历，还是十分感慨：一路上风尘仆仆，好不容易到家的时候，整个人浑身上下都是土，浑似兵马俑一般无二。别人都称赞其颇有眼光，娶的媳妇家里有古茶园，他却直言完全没有预料到。

伴随着普洱茶市况活跃，茶友们心目中圣地般的六大茶山，但凡拥有古树茶的村村寨寨，茶农大都盖起了新房，开上了私家车，过上了以往做梦都想不到的好生活。既往艰难险阻的路程，如今都化作万水千山只等闲。

翻过基诺山，跨过小黑江上的大桥，车辆开始行驶在陡坡上，有些路段，只能仰脸看天，完全瞧不见路面。驾乘的两驱进口越野车，车龄已逾十年，跑了十几万公里，遇到这样的路段，发动机如同老牛喘气般发出嘶吼，勉力爬上坡去。前方不远处，水泥路面与柏油路面衔接的地方，就是景洪市基诺乡与勐腊县象明乡的交界处，自此才算是进入了象明乡安乐村委会的地界。途经石良子，行至与新发公路相接的交

俯瞰小黑江

叉口，右转前往牛滚塘方向。牛滚塘入口处路边坡上有座院落，一栋两层的小楼，这里就是安乐村委会的驻地。驶过牛滚塘街，至街头五省大庙遗址，右转往红土坡方向，沿途经过红土坡、曼丫老寨，直奔新寨。百余公里的路程，饶是跑惯山路的老司机，也耗去了整整两个小时。越野车抵达曼丫村民小组组长袁松山的院门口，水箱突然开锅了。开车的苗小攀长舒一口气说："还好已经到了。"

袁松山组长笑着迎了出来，招呼我们上二楼喝茶。春天的滋味融入了茶汤中，轻啜一口茶，整个身心便与春天拥了个满怀。袁松山组长家的院子收拾得干净利落，视野十分开阔。走廊下的栏杆上，养满了各色盆栽花卉，艳丽的花朵色彩斑斓，摇曳在春风中。环顾四周，整个曼丫新寨的民居背靠大山，山下就是南班江。

近年来到访茶山，习惯于就近住在当地农家。午后小憩，窗外阳光炽烈，屋里却有丝丝凉意。顺着山谷吹来的风掠过树梢，枝丫间传来婉转动听的声声鸟鸣。在这冬日樱花满山，春来百花遍野的茶山上，梦里不知身是客，犹问茶香知几多？

午睡后醒来，背上相机，约同袁松山组长在寨子里信步游走。不觉间就走到了曼丫村民小组的办公用社房，素爱干净的袁松山组长抄起社房的扫帚，将掉落在门前的树叶一扫而净。犹记得早前初次结识袁松山组长，便从他的身上感受到了儒雅的气质。每次谈起曼丫村民小组的情况，他都能不假思索脱口而出，方方面面，如数家珍。这既出于他对家乡的热爱，也是对自身职责的坚守。现在的曼丫村民小组，共有 46 户居民，常住人口 148 人。居民多是彝族、基诺族，也有几户汉族。村里有古茶园 1086 亩，都集中在曼丫老寨。乔木茶园 6000 亩，分布在曼丫老寨周边片区。1997 年，曼丫整村搬迁到南班江畔，现址被称为曼丫新寨。袁松山组长非常感叹，认为搬迁也起到了切实保护古茶园的作用。

第二天早上，袁松山组长的爱人赵天菊早早就准备好了早餐。这个身形娇小的女人平常话不多，有着茶山上女性惯有的吃苦耐劳品性。夫妻二人养育了一双儿女，大女儿在昆明读大学，小儿子在勐腊读高中，平时只有他们两个在家里操持各种活计。用过早餐后，由袁松山组长驱车前往四公里外山上的曼丫老寨。车辆停放在袁松山组长家的茶叶初制所，我们步行穿过茶园，前往曼丫关帝庙遗址。

一路上，随处可见三三两两的采茶人，不时可以遇见过去民居残留的屋基。曼丫人对自己生活过的地方，有着深深的眷恋。在他们的记忆中，曼丫关帝庙早就房倒屋塌化作一片废墟，只有功德碑还伫立在那里，幼年放牧牛羊，遇上落雨，还会在功德碑檐下躲雨。动荡的年代，旧有的信

曼丫关帝庙遗址

仰被击了个粉碎，住在关帝庙附近的一户人家，竟打起了功德碑的主意，本想将其打成石磨，可风化了的石头经不起敲打，分崩离析成了碎石，从残留的一个角上勉强可以辨认出“大清乾隆二十七年”的字样。伴随着功德碑的粉身碎骨，碑文铭记的一段历史，就此彻底湮没。就连庙门前的一对石狮子也没能逃脱噩运，被人用铁锤砸烂而面目全非。人们只记得老人曾说起过，这个地方叫关帝庙。时过境迁，随着普洱茶再度兴盛，人们开始重新审视古茶山的深厚文化底蕴。曼丫人集资对关帝庙遗址进行了修缮，在古茶园的入口处立了一方大石头，竖刻了“莽枝古茶山”，下面横刻了“曼丫老寨”，落款是“公元二〇一九年四月十八日立”。大石旁专门立了

曼丫老寨茶园合影

一方功德碑，镌刻了参与集资者的姓名。难得来一次，拉着袁松山组长同曼丫村民王竹刚、袁文匡、邹成五等合影留念。

闲暇时曼丫人喜欢聚在一起“款白”。“款白”是当地的方言，就是聊天、讲故事的意思。在我的印象中，曼丫人很会讲故事，年逾古稀的黄阿和与年近六旬的冯南云两位老先生都给我讲过曼丫的传说。据说，曼丫曾经出过一个草寇王，骑着一匹龙马，带领地方兵处处与官府作对。车里宣慰使担心自己统治地位不稳，派人请草寇王去议和，并设计杀死了草寇王。草寇王的坐骑龙马自己跑了回来，按照草寇王事先的交代，他的婆娘拿金盆打了三盆水来喂龙马，没了主子的龙马饮完水后就走掉了。其时草寇王的婆娘已经大了肚子，后来生下了草寇王子，也有人尊称他为茶山王子。王子长到十八岁就展现出了非凡的领导能力，号召茶山百姓修庙、造街，渐成势力。任凭官府派了无数兵马来剿灭都无功而返。官家暗中收买了王子的一位亲戚，这位亲戚便请王子到家中做客，假意借用王子随身佩戴的宝刀，趁机反手杀死了王子。这位亲戚提着王子的头颅想要去官府领赏，路上歇息时放置头颅的石头炸开了，便将头颅埋在了莽枝大寨关帝庙。后来关帝庙旁长了棵娑罗树，日出时树荫远遮普洱府衙门，日落时树荫遮蔽倚邦土司衙门。官府差人找到这棵树后想要将其砍倒，然而白天派人砍伐后夜里娑罗树便会自行长好，如此砍了又长，长了又砍，重复了七天七夜。直到一个砍树的差人去而复返，寻找自己落下的草鞋，听到娑罗树自言自语：“不拿铜钉来钉，不拿狗血来淋，永远都砍不倒。”获悉秘诀后的差人终于砍倒了娑罗树。曼丫老寨附近有个龙塘，与山下的曼打龙塘连通，据说从老寨附近的龙塘丢个南瓜进去，第二天会从曼打龙塘浮出来。官府差人往龙塘里投了狗肉以后，住在里面的龙就飞走了。曼丫的地形犹如金线吊葫芦，官府在风水先生的指引下，差人挖断了“山筋”，破了曼丫的风水。讲到动情处，两位老先生或挺胸抬头语调激昂，或低头叹息语带惆怅。那是对于世代居住在这片山川土地上的人们波澜起伏的命运的深深慨叹。茶山上流传已久的传说是真实历史的倒影，背后隐藏的是民间通俗的叙事逻辑。

曼丫人代代相传的故事发生在雍正年间，引发改土归流的麻布朋事件中被扣上幕后主使帽子的橄榄坝土司刀正彦，被逼反叛的刀兴国，都曾经是车里宣慰司的属员，掌管茶山事务，因与清廷统治阶级立场不同被视作反叛分子，双方发生武装冲突，被强大的清廷武力镇压剿灭。草寇王与王子的传说，融合了这一系列的历史人物形象与事件，预示着车里宣慰司与其代理人的势力退出茶山，让位于清廷流官政权普洱府。茶山进入了倚邦曹姓土司与易武伍姓土司的治下，他们明面接受车里宣慰司与普洱府的双重管辖，实则始终倾向于依靠流官政权普洱府。不甘于被统治阶级构建的官方叙事束缚，融合了外来汉人带来的中原文化元素，曼丫人将真实的历史事件重构，演绎成民间传说。

官修史书的记载，印证了莽枝茶山兴衰起伏的历史进程。

莽枝山早在康熙三十年（1691）就被记载于《云南通志》。康熙五十三年（1714）《元江府志》记载了莽枝位列六茶山之一。最早记载后世公认的六大茶山的雍正《云南通志》，同样记载了莽枝茶山。雍正五年（1727）至雍正六年（1728），鄂尔泰与雍正皇帝之间的五份奏折与批复中，不仅反复提到六大茶山，还提到了“慢丫”等众多村寨。若以此推算，曼丫是一个拥有近三百年历史的古老村寨。乾隆二十七年（1762）修建曼丫关帝庙时所立功德碑，足以佐证乾隆时期曼丫商贸的兴旺。曼丫老寨的古茶园则是先辈留给后人的丰厚馈赠。当你亲手去抚摸那布满青苔的碑刻、那虬枝苍劲的古茶树，一定能感受到茶山历史的厚重。

回忆起过往，黄阿和先生十分感慨，改革开放以后开荒种田，全部的心思都放在了种庄稼上，亲手砍倒了好几棵高杆茶树，现在自己回想起来都惋惜不已。还好被砍倒后放火都烧不死的茶树，劫后余生又发出了茂密的茶蓬。被竹子压弯的茶树，顺着地爬，树根在这头，树梢尖尖在那头。这片茶树被他称作“竜崩茶”。提起竜崩茶的滋味，他拍着大腿发出赞叹：“太润口了，舍不得卖，留着自己喝，泡饭吃特别香。”问起族源，冯南云老先生只晓得自家是四川人的后裔，更多的已经讲不清楚了。老人家们都还知道，瑶族人也曾经在曼丫居住过，不知何时又搬走了。茶山上的人来了又走，有些留下了深深浅浅的印迹，有些只留下了模糊的背影。

老人难免念旧，年轻人则对未来有更多的期许。历经寒窗苦读走出大山的王竹梅，在外打拼多年，开阔了眼界，增长了见识后，兜兜转转，近年来又把目光转向了生养自己的山寨。3 月 25 日，2023 年春茶季来临之初，王竹梅山上山下两头跑着张罗，在西双版纳州农产品协会与曼丫村民小组乡亲们的支持下，成功举办了一场热热闹闹的春茶开采仪式。这预示着一个新的开端。

傍晚时分，当天采摘回来的曼丫古树鲜叶已经摊放到位，袁松山与赵天菊夫妻二人配合默契，烧火、炒茶、摊晾、揉茶、撒茶，每个步骤都有条不紊。忙完了手中的活计，泡上一杯曼丫的古树茶，伴着明月松风，是那么惬意舒畅。

袁松山炒茶

抬头望天空，云聚云散。低头看大地，人来人往。我与春风皆过客，唯有古茶香满园。

红土坡

谁见枝头叶生翅，落入盏中舞蹁跹。

癸卯年仲春时节，首次在王应福家中见识了这种被茶农亲昵地称为“飞蚂蚁翅膀”的小叶种茶，诗情自心底油然升起，随口就吟诵出了两句诗来，这是发自内心的感叹。大自然总是不经意地展示出神奇的一面，告诫人们古树茶还有许多未解的谜团有待破解。

红土坡在文化地理上属于莽枝茶山，行政管辖上隶属于象明彝族乡安乐村委会红土坡村民小组。进出红土坡的道路有两条，一条是走象仑公路至速底傣寨岔入上山的路，沿途经过正在修建的回龙湾水电站、曼丫新寨与曼丫老寨，直抵红土坡。最近几年象仑公路修修停停，走这条路就像是越野

远眺红土坡

探险，不光坐车的人受罪，就连车都受不了。常有人抱怨："跑一趟这条路，车都得去检修一次。"除非是不得已，几乎不会有人选择这条路线。另一条是从安乐村委会驻地牛滚塘通往红土坡的公路，稍不留心，就会驾车直接沿着柏油路开到红土坡村民小组会计王应福的院里。究其原因，从曼丫方向修上来的是水泥路，从安乐方向修下来的是柏油路，两条路在红土坡交会处没有设置明显的路标。春季访茶红土坡，我就住在王应福家。每天开车跑错路的人数都数不清，我同王应福开玩笑说："柏油路的尽头是你家哟。"他听了哈哈大笑。好在他家院子很宽，车辆调头很方便，遇有问道的，他家人总是耐心指引，这是茶山人家惯有的古道热肠。

红土坡村民小组有户籍的人家总共 38 户，户在人在的只有 34 户，共 153 人。八成以上的住户都姓王，追寻族源，却是来自不同地方的两支王姓，可惜就连他们自己也不能确定老辈人一代代口传下来的地望是哪两个字。王应福这支王姓的亲戚族人在红土坡共有 11 户，红土坡党支部书记王建国属于另一支王姓。王应福听老人说过一些家族的历史：他们家祖上先从江西来到云南石屏，原本姓许，由于叔侄纠纷，又来到莽枝，为了避祸改姓王。第一代奔茶山的老祖用担子挑着孩子来到莽枝，找了个寡妇搭伙过日子，繁衍至今已历二百余年，共有十二代。

为了能够找寻到寨子先民的一些线索，红土坡村民小组组长王志江与会计王应福曾经试图一探究竟。在红土坡山后的茶园里，先民留下的遗迹有多处，能辨识出来字迹的有两方石碑。一方是杨母袁氏的碑，题写碑文的是她景东厅的子婿，她生于乾隆五年（1740），逝于嘉庆十九年（1814），享年七十四岁，在彼时算得上长寿。另一方是王母徐氏的碑，题写碑文之人出任过吏部官员与翰林院大学士，她生于乾隆三十九年（1774），逝于嘉庆十九年（1814），享年四十岁。碑文显示出曾经生活在茶山上的人与外界的联系，他们不但与外界联姻，甚至能敦请位极人臣的高官题写碑文，展现出非凡的交际能力。不难揣测，这与他们拥有的财力有着密切的关系。

按红土坡老人的说法，以前是以山顶梁子为界，山那边是秧林，山这边是莽枝。红土坡的前身就是莽枝，红土坡是新中国成立以后才有的叫法。莽枝大寨的人家有些搬到了红土坡，有些搬到了曼丫。红土坡村民坚称他们才是莽枝大寨的承继者，甚至一度想在进出红土坡的位置建立寨门，由于可能影响道路通行，最终未能如愿，现在又开始计划先在路口立块大石头刻上字作地标。

莽枝三省大庙功德碑

土地重新划分以后，原本莽

枝大寨的三省大庙地块划分给了秧林，以往莽枝人都称其为小庙。我曾经去过多次三省大庙遗址，进出大门的石台阶足有数米高，院落的墙基犹存，建筑的规制依稀可辨。劫后遗存的还有一方嘉庆二十一年（1816）所立石碑，来自江西、湖广与云南的客商捐金修庙，可以想见那时客商云集的兴旺景象。

癸卯年春茶季，已入 4 月，却滴雨未下，茶山干旱，勤快的茶农东跑西瞧，只能零星采下一点茶。趁着闲暇，叫来了红土坡村民小组组长王志江、妇女组长张玉仙，一起在王应福家中款白。张玉仙家在甲峨山有棵古茶树，往年春茶可以采 5 公斤鲜叶，2023 年只发了一枝，采下来 0.5 公斤。同一棵古茶树上，有的才发芽，有的可以采了，有的已经发老了。往年清明前她家已经有三四十公斤干毛茶了，2023 年才有 20 公斤。树林里的茶树可以采一点儿，没有树木遮阴的茶园搞不得吃。

红土坡村民小组组长王志江详述了茶园的情况。红土坡有古树茶园 900 多亩，分布在村寨周边的对门山、茶园梁子、甲峨山、杨细梁子、申家茶园等地块。古茶树大多数是中小叶种，其中最稀有的就属“飞蚂蚁翅膀”，新梢发出来就是展开的两片小叶子。申家茶园、甲峨山生态最好。杨细梁子有棵高 9 米的高杆茶树，没有搭架子很难采，春季只能采下来两三公斤鲜叶。茶园梁子也有两棵高约八九米的高杆茶树。王建忠家有棵古茶树发得好，春茶可以采下来 12 公斤鲜叶。春茶一季，红土坡古树茶的产量不到两吨。对门山阴坡的古树茶香一点，过去的人喜欢，现在的人喜欢森林气息重的茶，阴坡和阳坡的古树茶都是分开做的。

“飞蚂蚁翅膀”干毛茶

新中国成立之初，莽枝茶山的各个村寨中，红土坡的古茶园面积最大。但从入合作社的时候开始大量砍茶树，一直持续到20世纪80年代都还在砍，但凡离得近的就砍了。砍完了以后，又放火烧，好在茶树砍过烧过都不会死。以粮为纲的年代，砍了茶树种庄稼，是为了填饱肚子的权宜之计。

红土坡村民生活条件的改善还是来自于茶带来的转机，2008年，一位外来的老板买下了村集体的土地种茶。卖地后村集体账上有了100多万元资金，集体决议用来给村民改建房屋，每户新房以55000元为标准，交由承包商给23户建起新居。

红土坡本村人从2003年开始种茶，多数是2006年政府扶贫的时候发下的苗子种的茶。往后茶叶市场好起来了，尝到甜头的茶农自己育苗、买苗种茶，持续了好多年。红土坡村民栽种的乔木茶园面积近3000亩，来红土坡投资买地的老板就种了 1000 多亩。

为了能够实地领略红土坡古茶园的风貌，小组组长王志江、会计王应福、妇女组长张玉仙和我一行四人分乘两辆摩托车，先是沿着寨子里的公路转了大半圈，再把摩托车停在路边，沿着一条生产土路步行，后经一条羊肠小道来到了一片陡坡上的古茶园里。举目远眺，隔着深深的沟壑，对面就是王应福家。四下环顾，随处可见东一棵西一棵的古茶树，还真应了当地人“树稀面积大”的土话描述。抬头仰望，眼前的一棵大茶树刚劲挺拔，树上挂了个蓝底白边儿的牌子，上书“莽枝 01”的字样，这就是红土坡的茶树王了。王志江、王应福攀着主干就麻溜儿地爬了上去，张玉仙则沿着用两个靠在树杈上的竹竿搭建的梯子耍杂技般摇摇晃晃走了上去。目之所及，偌大的树冠上就只有个别枝头稀稀拉拉地冒有新梢。想要单株采摘鲜叶的话，数量明显够不上炒一锅，不采的话，恐怕很快就要发老了。大自然有着自己的严酷法则，从不以人的意志为转移。

面对 2023 年春茶季的惨淡状况，茶农也无可奈何。单就采茶来说，茶农要供采茶工吃住。早年王应福自家住的活动板房成了采茶工的住所，卧室、客厅、厨房一应俱全，生活设施全部齐备，尤其不可或缺的是无线网，闲下来的采茶工主要靠刷手机视频打发时间。采茶工来自各地，从墨江来的多一点。也有些割胶的工人会转而来采茶。茶季算点工的话，每人每天的工钱是 120 元，高峰期会随行就市上涨到 150 元。

红土坡茶树王合影

王应福总结多年的经验说："点工采得更标准更干净，按采茶斤数计价的都是搞数量不管质量。"中午的时候，一个中年男子骑着摩托车驮着行李来王应福家里找工，因为当下没有多少茶可采，现有的人手已经足够，王应福只好将来人打发走了，随后苦笑道："往年这个时候招不来人采茶，今年到处是找不到工的采茶人。"

下午两点钟，我们准时来到了张玉仙家。她家院子宽敞，新建的住房和厂房分列两边。天气炎热，当天采回来的鲜叶已经摊放适度，准备炒制。夫妻两人分工明确，丈夫唐迷方用滚筒杀青机加工乔木茶，妻子张玉仙手工锅炒杀青古树茶。早前都是依照老人的方式，鲜叶不萎凋直接炒，平锅老古董炒茶法。2014年，一家茶企入驻红土坡，第二年派了两个炒茶师傅来教炒茶，由厂家提供斜锅，他们家分到了一口锅。炒制工艺由此发生改变，增加萎凋槽，改用斜锅炒制，手工揉成抛条，晒干。杀青的环节，要求一口锅投4.5公斤鲜叶，锅温达到300℃以上，杀青时长30分钟。炒出来的茶口感都变了，苦涩味减轻，叶底没有红梗。王应福、唐迷方等9家红

手工揉茶

土坡茶农组成了一个合作社,同厂家的合作一直延续了下来。2020年，家在攸乐山的古六山普洱贡茶西双版纳州级非遗传承人泽白来到红土坡，教授王应福、张玉仙等人炒茶，做好的茶全部收走。家族的传承,厂商的培训,非遗传承人的教授,新一代的茶农融合通过各种途径学来的炒茶技艺，不断地将其应用在实践环节中，锤炼出精绝的技艺，为的是做出理想的好茶，给自己带来更加丰厚的收益。

临近傍晚，王志江组长匆匆赶来王应福会计家中，两人一起向我提了一个请求，希望我能利用晚上的空闲时间，到村小组社房，现场给红土坡村民讲一堂课。这完全出乎我的意料，虽然没少给在校的大学生们讲过课，也开办了十多年成人培训班，但是给茶农讲课还是头一遭。略作考量之后，我答复他们说："我尽量讲得让大家能听懂吧！"得到了肯定的回应之后，两个人就忙着去通知村民了。晚上八点半，我们来到了村小组的社房，村民们站的站，坐的坐，蹲的蹲，有人怀里还抱着孩子，甚至有村民家养的狗都跟了过来。村民们七嘴八舌地闲聊，屋里屋外热闹非凡。牛滚塘品茶坊的丁俊大哥与王剑玲大姐夫妻两人专门开车赶了过来，还带了两个从杭州来茶山的姑娘一道听讲座。王志江组长、王应福会计与我面对大家坐在第一排，王志江组长咳嗽了两声示意大家安静下来。做过简单的介绍之后，看着眼前满脸好奇的茶农们，我开启了茶山的第一课。从茶山的历史，到古茶树资源，再到制茶工艺的演变，以及普洱茶市场的现状，与大家展开了一场面对面的恳谈。当老百姓得知自家的古茶树在清代主要用于采办贡茶的时候，发出了声声感叹，自豪之情溢于言表。春季采摘古树鲜叶沿用传统工艺做出来的茶，延续了清代的贡茶血脉，喝到这样的茶，就是得到了皇帝般的享受。对于以种茶、做茶、卖茶为生的老百姓来讲，就是得到了文化赋予茶的价值支撑。从许多人热切的眼神中，可以看出他们受到了极大的精神鼓舞。

讲座结束后，茶农们三三两两地离开了，也有意犹未尽的茶农驻足闲聊。丁俊大哥与王剑玲大姐驱车带着两个从杭州来寻茶的年轻姑娘，随我一道回到了王应福家中。已经是夜半时分，天上的星斗满天闪烁，地上的人们把盏话茶。古往今来，这样的场景想必曾无数次在茶山上演，也终将会一代代延续下去。这就是平凡世界里芸芸众生的命运轮回，这就是绵延不绝的茶山历史传承。平凡如斯的我们如此幸运，能够亲身踏上这方土地，亲口品味古树茶，它终将融入我们的生命，带给我们深长的回味。

安乐

古往今来，牛滚塘一直都是莽枝茶山的中心。而今，牛滚塘在行政划分上隶属于象明彝族乡安乐村委会。早前几年，在牛滚塘街头的三岔路口还立了个高大的宣传牌，上面介绍了安乐村委会下辖的七个村民小组，包括安乐、牛滚塘一组、牛滚塘二组、秧林、红土坡、曼丫与董家寨等，都属于莽枝茶山。

安乐村委会的社房就建在牛滚塘街另一头的半坡上。千万可别小看了它，要知道在2000年村改委后，原新发村公所管辖的新发、值蚌、新酒房、撬头山、白花林、石良子、石马鹿七个村民小组并入安乐村委会，由此，莽枝茶山、革登茶山全部被纳入了安乐村委会的辖区。不得不说，一个村委会管辖两座茶山，这也是其傲立于世的资本。

俯瞰牛滚塘大街

1959年，大洼子、江西湾、竜垛、安乐、炮打树五个寨子合并成安乐，安乐虽然是个小寨子，但来自安乐寨的袁先生力主新村沿用“安乐”的名字，或许是“安乐”更符合过久了苦日子的人的殷殷期望，就此安乐从边缘逐渐走向中心。可无论是居住在一江之隔的攸乐山的村民，还是远赴他乡的茶山后裔，人们都只认得“莽枝茶山”或者“牛滚塘”，提起安乐则是一脸茫然。

牛滚塘广告牌

牛滚塘街上有几棵枝繁叶茂的大青树，见证了历史的风风雨雨。老人家的形容非常贴切：“大青树有多少年，古茶树就有多少年。”街心下边的牛滚塘可以睡一百多头水牛，后来被填平了。2003 年，安乐村委会老主任杨明华认为想发展要有人，提出建议后，最终由红河州政府出资金，西双版纳州无偿划拨土地，将从红河州迁来的苗族安置在牛滚塘街上，而安乐村民小组原来的村民则居住在安乐村委会附近。

曾任安乐村民小组组长的李阿伟生于 1956 年，李家的祖上是从楚雄迁来的，传至李阿伟算是第九代。在他的记忆中，计划经济年代生产队都是妇女摘茶，由设在街头五省大庙位置的供销社收购，毛茶 4 角钱一公斤，都是老树春茶。20 世纪 80 年代开始，毛茶卖到 8 块一公斤，2000 年以后涨到 30 多块一公斤，2007 年大涨到 400 块一公斤。以前种粮食以旱稻为主，亩产 500 公斤，苞谷亩产 400 公斤上下。

李阿伟自 1994 年至 2009 年一直担任安乐村民小组组长，最困难的时候，村里不通路，不通电，村民们只能住茅棚。

1986年水管架通，1998年通土路，2003年通电。农业学大寨时期，安乐村民小组砍掉200亩老茶树，连根挖，放火烧，老人们舍不得，心疼得哭。原来连片有500多亩，叫大茶园。安乐古茶园1982年就分到户了，按户平分，茶树稀的分的茶园面积大，茶树密的分的茶园面积小。1992年搞了一次茶树大普查，从直径超过5厘米的茶树开始统计。安乐最大的一棵茶树，围径有100多厘米，20多米高。在李阿伟看来，茶籽掉在地上自己会长出来，只要管理跟得上，草不得长，春茶发起来最好摘了。2002年，政府开展扶贫项目，投入了几百万元，李阿伟带头干，从曼腊、勐海、思茅等地拉进来茶苗、茶籽，村民们自己开山种茶，连种四年，安乐村民小组就种了400万株茶苗。

现任安乐村民小组组长是1975年出生的李建明，据他介绍，安乐村民小组总共47户，实在户30户，共167口人。多数是彝族，何、李、杨三大姓世代联姻。安乐村现有古茶园3700多亩，乔木茶园6000多亩，近几年还有新开荒的茶园。此外还有2000多亩坚果树，原有的橡胶林则被砍得只剩下100多亩。

安乐村民何智荣家保存了一本《刘氏家谱》，他妻子白丽红说是婆婆亲手交付并嘱托她悉心保管的。何智荣自幼被养父何定安、养母刘乔英抚养长大，出了名的孝顺长辈。养父、养母都已经过世，年届百岁的奶奶王六妹依然身体硬朗。何智荣的茶叶生意做得红红火火，2018年在牛滚塘街上盖了宾

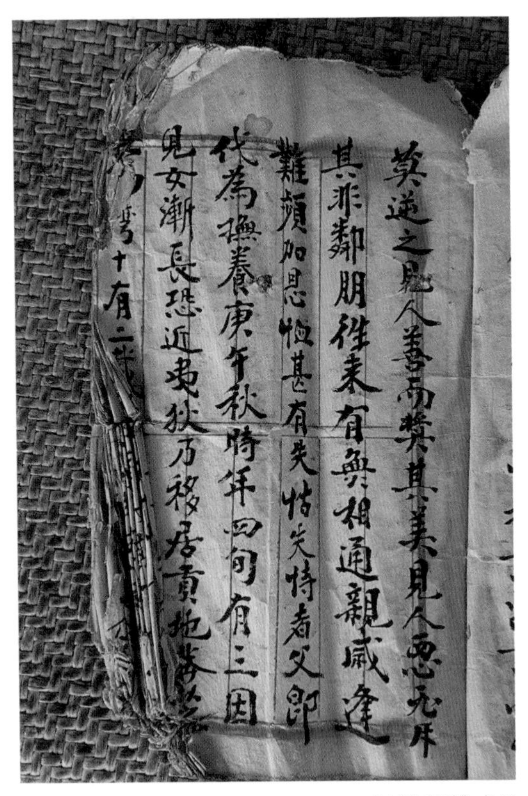
莫逆之見人善而獎其美見人惡而斥
其非鄰朋往來有無相通親戚逢迎
難頻加恩恤甚有失怙失恃者父郎
代為撫養庚午秋時年四旬有三因
見女漸長恐近夷狄乃移居貢地莽芝

《刘氏家谱》书影

馆。他还兼任安乐村委会非公经济书记一职。这本《刘氏家谱》始撰于咸丰九年（1859），现在保存下来的这一本是民国30年（1941）由安乐当地颇具声望的袁铭清先生誊写而成。虽然看上去有些残破，但是能够保存至今属实不易。这本家谱不仅是一本刘姓家族史，更是记述茶山历史的珍贵文献。嘉庆十五年（1810），这户刘姓人家举家迁徙至“贡地莽芝江西湾”。直到今天，江西湾都是莽枝茶山最负盛名的小微产区。文字的记述与古茶园互为佐证，江西湾是一个历史悠久的古树茶村寨。直到五个寨子搬拢成安乐以后，江西湾才无人居住，成了隐身于密林间的地名，若非有人指点，几乎不会有人注意到过往留下的建筑遗迹。

安乐最大的古茶树就在江西湾。伸出双臂搂住粗壮的树干，抬头仰望这棵高耸入云的高杆古茶树，顿时感觉到自己的渺小。找了半天机位，最后侧卧在地上才用相机勉强拍了下来。这棵茶树的主人家是安乐村“两委”委员何军，他的父亲何顺云将家里的古树茶地、乔木茶地等一应事务都交由何军来掌管，自己就唯独照管这棵茶树王。自从 2010 年开始单独采摘，当年的鲜叶卖到了每公斤 400 元。而后逐年上涨，最近几年更是价格居高不下。2018 年鲜叶卖到每公斤 5000 元，2019 年鲜叶卖到每公斤 6000 元，2020 年鲜叶卖到每公斤 8000 元，2021 年鲜叶卖到每公斤 10000 元，2022 年没有卖。2017 年这棵茶树王遭受自然灾害掉落了一杈，之前每季春茶最少可以采下 8 公斤鲜叶，之后每年春季就只有 5 公斤左右，近两年天气干旱，每季春茶只剩 5 公斤左右。在莽枝茶山，用茶树王鲜叶制成的茶最受追捧，每年都有人心心念念想要。对于老人家来说，能卖多少钱倒在其次，最主要的是享受那份乐趣。何军说：“这棵茶树王是中细叶种，泡出来的茶汤色比较浅，透亮，香气浓，滋味柔和，甜度高。”

癸卯年春茶季，适逢江西湾古树茶开采，眼前的一棵古茶树吸引了我们的视线，本是同根生的茶树分做两枝，却又在离地大约60厘米的位置连在了一起。牛滚塘品茶坊的丁俊大哥非常喜欢这棵古茶树，给它起了个形象的名字叫“兄弟树”，他已经连续好几年单株包采了这棵茶树。2023年，这棵古茶树则被无妄茶学创始人韩朝先生与中原清晖书院院长罗莉女士联手包采，树上还专门挂了红彤彤的条幅，看上去喜气洋洋。为了办好这个事儿，丁俊大哥一如既往亲自到茶地盯采鲜叶。采下的鲜叶就摊放在芭蕉叶上，旁边还有个鸟窝，里面几只幼鸟嗷嗷待哺。茶树的主人带着两个来自基诺山的采茶女工，忙活了整整一上午的时间方才采摘完毕。鲜叶被收拢在一起装进袋子背上山坡，丁俊大哥骑着摩托车驮着鲜叶就往回奔。为了把茶做好，每个环节都要亲力亲为，容不得有半点闪失。

基诺族采茶女

竜垛古茶园是安乐的另一块明星小微产区，名字拗口不好记，丁俊大哥与几个人商议后给改了个名儿，叫红毛丹，几年下来成了莽枝茶山身价最贵的古树茶。春茶开采的时候，叫上王剑玲大姐与车纯姑娘直奔红毛丹，茶园的入口处有块

茶园鸟巢

鲜叶摊放

平掌地，还有人就地取材做了木板桌和凳子，供人们在此歇息。地如其名，茶园里还真就有野生的红毛丹树，笔直的树干直插云天，落了一地红毛丹果子。两人爬上爬下采了半天茶，直到竹篓装满才背起来往回走。车纯家与安乐村委会社房隔着一条公路，她父亲早年来到茶山做生意，而后就在茶山落下脚来。在普洱茶行情大热的那几年，车纯姑娘一直在大城市里工作生活，但她最终还是回到了茶山，这在年轻人中并不多见，乡村振兴需要大批年轻人投身建设才有出路。

车万年炒茶

车纯的哥哥名叫车万年，是个不爱说话的年轻小伙子，炒得一手好茶，在当地也算小有名气。在他身上能够看到一种对于炒茶技术精益求精的执拗劲儿，说白了这才是真正的匠人精神。看他炒茶就是一种享受，每一个步骤都力求完美。炒茶前锅灶都要刷八遍，或许只有真正爱茶的人才会如此不厌其烦地一遍遍清洗。他是如此珍爱自己炒的茶，有时会感叹要是有钱就好了，那样就可以把茶留给自己。有些客户抱怨他炒的古树茶滋味淡，他就建议客户买滋味浓的乔木茶，纵使客户把钱打过来指名要古树茶，他还是会把乔木茶寄给客户并退还多余的款项。他这种对于做茶信念的坚守，反过来赢得了一众拥趸。

癸卯年春节期间，我住在牛滚塘山上的叶渡山堂，正值满山樱花盛放的季节，家家户户都忙着过年，山堂里就只剩下了我这唯一的访客，还有就是兼职照管山堂的车纯姑娘和她养的一条名叫多多的宠物狗。就在那个静谧的夜晚，我与

叶渡山堂

车纯相对而坐，多多趴在她的脚边，案几上的茶盏中，泡的就是车万年亲手做的红毛丹古树茶。随性用盖碗冲泡，居然就泡出了这款茶最为曼妙的滋味。整整两壶水过后，已经泡了二十多道的茶，依然有着淡淡的幽香，甘甜的滋味在唇齿间萦绕。

茶山的夜晚是那么令人心醉，茶山的晚风也格外轻柔，空气中弥漫着淡淡的花香，远处隐约传来动听的歌谣，那是远山的轻声呼唤，那是流水的深情邀约，都融化在眼前的一盏茶中，盈满高山流水般的情谊。

秧林

“我们的寨子原来不叫秧林，叫作央列。”年逾七旬的王顺文先生随口说出的这句话，让我震惊得说不出话来。这与近三百年前，雍正朝改土归流设立普洱府期间，云贵广西总督鄂尔泰在给雍正皇帝的奏折中提到的“央列”完全一致。文献的记载与民间的口述互为印证，一座历史悠久的古茶山，一个古老的村寨，过往的风云变化，如同一帧帧流动的画面铺展开来。

从牛滚塘出发往曼赛方向，短短几公里过后就到了秧林。新修的寨门正对着公路，门额上书“莽枝大寨　秧林”，寨门附近还矗立着一块巨石，上面铭刻着“古六大茶山　秧林莽枝大寨”。对此，老人家颇有些无奈：“石头上刻的字顺序

秧林村民小组社房

搞反了嘛！应当是莽枝茶山　秧林大寨。”奈何当下已经成为事实，想要改变并非不可能，但必然要大费周章。

现在的秧林村民小组隶属于象明彝族乡安乐村委会，原本世代居住在本地的是彝族、基诺族，汉族、苗族等都是后迁过来的。时下的秧林有 31 户，户籍人口 118 人，实际上许多人身在他处，常住人口数量不多。村民以张姓、李姓居多，文姓仅有三户。此外还有三十多户外来的承包茶地的苗族，共二百多口人，他们开荒种茶，同主家四六分成，从第五年开采的时候开始算，都是口头协议，家家户户都有这种情况，承包期四十年。

做了几十年村干部的王顺文先生对于莽枝茶山的往事十分熟悉，对行政区划的变动更是了然于心。“20 世纪 50 年代，莽枝下四寨中，除了董家寨，曼伍、曼洼、小寨都划给了攸乐，现在小寨已经无人居住。”“莽枝上四寨中，曼丫、红土坡、安乐、秧林都有老茶树，以前老茶树最多的是红土坡。”由于是在自己担任文书时亲手统计的数据，老人家对于各村寨的茶园面积记得尤为清楚。可惜的是由于刀砍、火烧，老茶园损毁惨重。残留下来的老茶园主要集中在秧林、安乐、曼丫和红土坡。秧林古茶园面积在一千六七百亩，已经开采的乔木茶园面积有七八千亩。

1982 年土地划分，安乐和秧林以大青树为界。当年划分的主要是农田，茶园的划分要稍晚一些。1982 年第一次分到户，1999 年第二次划分，说法是“生不加，死不减”。王顺文担任村干部期间，最让他自豪的当属带领群众修路。1992年，安乐人仍然备受交通不便的困扰。从安乐到象明，只有沿河道弯弯曲曲的小路，风里来雨里去，苦了上学的娃娃们，经常发生河道涨水把人卷跑的事件。为此，王顺文想尽办法，寻找乡里、县上的支持，甚至对时任县交通局长的表弟发了脾气："你的老亲老戚都在家，根在秧林，不要忘了本。"有了上面的支持，还要说服群众出工出力。1994年，道路挖通，安乐成了整个象明乡第一个通机动车的村。

过往十多年间，我们亲眼见证了莽枝茶山道路条件的改善，从早期的弹石路、砖块铺的路，再到后来的柏油路，这在外来者眼中仍然是非常落后的交通条件，但当我们知悉以往修路经历的时候，才知道如今的一切多么来之不易。

王顺文先生的父亲是草药医生，可王顺文先生不愿跟随父亲从医，在他看来，不管刮风下雨，只要有人来敲门，就得上门去给人看病，太过辛苦。反而是他妻子接替了父亲行医的职业，女儿王剑玲与外孙女都在医院工作。王剑玲的爱人名叫丁俊，这个从东北来到茶山落脚的汉子热爱茶山的文化，自觉自愿地担负起了宣传茶文化的重任。

丁俊、王剑玲夫妇所在的牛滚塘品茶坊就是过去五省大庙的遗址，曾经做过私塾、卫生所、供销社办公房，兜兜转转分给了王顺文家，继而传给了丁俊夫妇。而今，夫妻二人齐心合力想要恢复五省大庙的荣光，并立志打造莽枝茶山博物馆。在几乎花光了老本儿之后，牛滚塘品茶坊已经初具形态，在正对着牛滚塘大街的方向修建了一座两层楼，在通往秧林方向的路口拐角处建了个茶亭，全都是飞檐翘角式的仿古式建筑。这里成了莽枝茶山的一大景观，引来了无数茶友打卡。

癸卯年春节，大年初一，与丁俊、王剑玲夫妇相约在他们家茶室喝茶。茶室墙壁上挂了一幅孔明的画像，旁边立着一方石碑，丁俊大哥已经守护了这方石碑很多年。午后的阳光透过窗户洒落在石碑上，刹那间我们惊喜地发现，石碑上有些文字依稀可见，于是连忙拿出笔记本逐字逐句抄录了下来。这方碑额为“永垂千古”的功德碑，历经过往岁月风雨侵袭，许多文字已经漫漶不清了。从残存的字句可以看出，外来的商民来到茶山定居，选择的

牛滚塘五省大庙“永垂千古”功德碑

庙址景色优美，“浮萍铺水绿，蛙鸣两岸□”。历经多年后打算修缮，“顾此庙之设，由来久矣”。先前所建的庙宇属于简陋的茅棚，重修时改建为瓦房。大庙选址上风上水，“状若虬龙，诸峰之巅，势如星拱”。重修的过程中遭遇火灾，“道光六年，众姓重修，乃未竟土木一二，即遭回禄之惨”。这让深受儒家礼教浸染的外来汉人很是不安，“《礼》曰：君子将营宫室，宗庙为先，居室为后”。未满一年即重修。重建完成后，刊立功德碑，碑上铭刻的序文述说了建庙的来龙去脉，“今将所捐功德姓名开列于左”。石碑有些残损，看不到立碑的具体时间。能够看出碑文的大致内容已经殊为不易了。为此，丁俊大哥专门做了个铜牌，把碑文上能够辨识出来的字句铭刻其上，供人识读参阅。

牛滚塘后方的茶园中，早年曾经挖出来一方小小的石碑，上面铭刻着“五省庙香火地界”的字样，丁俊大哥为此专门建了一个五省庙香火地界碑亭加以保护。

川主庙老物件

从牛滚塘途经秧林的公路连通山下的傣族村寨曼赛，秧林与曼赛的关系历来十分密切，曼赛修庙秧林人都会踊跃捐资。近年来年轻人当家做主，两寨紧密的传统就中断了。山下的傣族寨子曼赛历史悠久，建有缅寺，崇信南传上座部佛教。山上的秧林寨子住的是汉人，所建的庙宇会馆都是多元一体的信仰。秧林村民文美荣先生已经年近八旬，据他所说，秧林的川主庙是他外公张四所建，张家是从四川搬来的。王顺文先生专门带我去被划分到川主庙遗址的那家探看，主家的老人竟然拿出了两样老物件，据说是老辈人从地里挖出来的。“这个是菩萨脚，这个是铜条。”他边说边拿给我们看，镂空雕花的碗形铜底座上，残存有一只脚掌，推断其原本应该是个铜造像。另外一个物件是手指般大小的铜条。这些物件都是过往历史的见证，从中可以管窥过往人生活的图景。

身着民族服装结伴去采茶

癸卯年春茶季，适逢秧林村民小组会计张海相家的古树茶开采，来自云南省内大理、红河的茶友兴高采烈地换上了彝族服装结伴而行，穿过秧林寨子，一路沿着林间小路步行前往平掌古茶园。身手敏捷的张海相与张杰攀上茶树开始采茶，相比而言采茶主要靠的还是专门的采茶工。采茶的大姐一行人来自墨江，往年茶叶发得好的时候一起来的有五个人，今年就只留下了两个人采茶，一天下来每个人可以采下十来公斤鲜叶。傍晚时分，劳作了一天的采茶工背着装满鲜叶的竹篓回到寨子里去。

采摘古树茶

丁俊晒茶

20世纪90年代，与王顺文同宗的王梓先离开秧林，后来一度担任象明乡粮站的站长。他先是替台湾茶商收购加工普洱茶，而后自己注册了“王先号”自立门户，带动了莽枝茶山的兴起。就连王顺文的女婿丁俊也是跟着王梓先学会的做茶手艺，至今他还保留着王梓先给他的炒茶专用叉子。丁俊的爱人王剑玲2022年从卫生系统退休后回到山上，夫唱妇随一起操持自家的茶叶生意。夫妻二人热情好客，多年来结交了来自全国各地的众多茶友，每逢茶季，家里每天人来人往，一派热闹非凡的景象。

癸卯年春节甫过，与秧林王剑荣相约在他家中茶叙。他是王顺文先生的小儿子，娶了个来自双江县勐库镇的媳妇李金翠。王剑荣既做莽枝古树茶，又做冰岛古树茶，生意做得红红火火。喝茶的光景，一眼瞅见窗外的树上白花满枝头，在阳光的照耀下开得恣意绚烂。举目远眺，远处的牛滚塘隐约可见，对面革登茶山的村寨映入眼帘，眼见着新春茶季即将到来。

天上的风云变幻无常，地上的行人来来往往，茶山上注定将演绎出一幕幕传奇，留待人们继续探寻，书写时代的旋律，讲述人与茶之间动人的故事。

第二章

致敬给予本书支持的革登茶人（按姓氏拼音排序）

陈富春

杜　浩

郭龙成

姜　慧

李勃衡

李贵强

李　艳

刘　永

权晓辉

文利兵

叶从芬

张建荣

张学丽

革登茶山风云录

集众智 聚群力 团结一心
攻坚克难 打赢脱贫攻坚战
贡茶之源　生态彝乡
古六大茶山一革登茶山
革登古茶山，处于倚邦茶山和莽枝茶山之间，位于象明乡西部，辖区面积150平方公里，现有茶园面积10855亩，包括今新发、值蚌、新酒房、撬头山、白花林、石梁子、石马鹿七个村小组，在六大古茶山中面积最小。但因离孔明山最近，并且有一颗特大的茶王树，因而在六大古茶山中有其特殊的地位和傲人的名气。六大茶山的少数民族历来尊孔明为茶祖，将孔明山看作是孔明的化身。相传“孔明遗种”的茶王树（民国时期已倒）即在于此，《思茅厅志》和《普洱志》中就曾记载：“其治革登有茶王树，较众茶树独高大，土人当采时先具酒醴礼祭于此。”据说，茶王树曾可年摘鲜叶五担。
中共象明彝族乡委员会
象明彝族乡人民政府
宣

人文圣地，革登茶山。

信史所记普洱茶之名始见于范承勋、王继文监修，吴自肃、丁炜编纂，成书于康熙三十年（1691）的《云南通志》，其书载："普耳茶，出普耳山，性温味香，异于他产。"此际的车里宣慰司尚在元江府治下，自此普洱茶进入官方的视野。

康熙五十三年（1714）章履成《元江府志》载曰："普洱茶，出普洱山，性温味香，异于他产。"两部志书对于普洱茶的记载，只有文字写法上的些微差异，所表达的意思并无二致。作为官修史书的康熙《元江府志》，首次记载了六大茶山："莽支山、格登山、悠乐山、迤邦山、蛮砖山、驾部山，六山在城西南九百里普洱界，俱产普茶。"这意味着官方对普洱茶的产地有了更深层级的认知，革登茶山位列六大茶山之一。

雍正年间改土归流设立普洱府的过程中，时任云贵广西总督鄂尔泰与雍正皇帝之间往来的奏折及批复中，反复出现"六大茶山""六茶山"等字样，攸乐、倚邦、莽枝与蛮砖等山名多次出现，也不乏今人耳熟能详的架布、慢林、央列、蛮嵩、慢拱、慢丫等寨名，偏偏就没有提及革登茶山及其村寨的名字，似乎说明其在六大茶山中的存在感不强。

雍正七年（1729）由鄂尔泰奉命纂辑，靖道谟总纂，成书于乾隆元年（1736）的《云南通志》载曰："（普洱府）茶，产攸乐、革登、倚邦、莽枝、蛮耑、慢撒六茶山，而倚邦、蛮耑者味较胜。"革登茶山再次忝列六茶山，仍然不如倚邦、蛮砖。

雍正《云南通志》对于普洱茶着墨颇多，或可说是在鄂尔泰的授意下将武侯诸葛亮同六大茶山与茶王树联系在一起。“六茶山遗器，俱在城南境，旧传武侯遍历六山，留铜锣于攸乐，置铓于莽芝，埋铁砖于蛮耑，遗木梆于倚邦，埋马镫于革登，置撒袋于慢撒，因以名其山。又莽芝有茶王树，较五山茶树独大，相传为武侯遗种，今夷民犹祀之。”除了将六茶山名字的来历附会在武侯诸葛亮身上，还言之凿凿地说明茶王树在莽枝。

雍正《云南通志》载：“‘祭风台’在城南六茶山之中，登其上可俯视诸山，相传武侯于此祭风，又呼为孔明山。”道光《普洱府志》及光绪《普洱府志》都因袭了这样的说法，用词略有差异，说是孔明借箭处或诸葛搭营处。

雍正《云南通志》中所记革登茶山依然默默无闻，甚至同茶王树都没有丝毫的关联。诸如上述所记，编纂者都有意识地注明“旧传”“相传”等字样，暗示读者其真实性已不可考。这是史籍非常有趣的地方，记载的内容不一定都是真实的历史，其中也包含传说。这样的做法饱含深意。

儒家思想作为大清王朝推崇的官方意识形态，千古忠臣武侯诸葛亮无疑是最佳形象代言人之一，官方祀典中就有武侯祠。其在民间亦有广泛的群众基础，俗祀中亦有武侯祠。尤其是在西南地区，诸葛亮向来拥有崇高的声望。作为改土归流的力行者，鄂尔泰向以诸葛亮自比，心慕身追处处效仿榜样，就连改土归流过程中给雍正皇帝的一份奏折都堪比《出师表》。由此，武侯诸葛亮成为了鄂尔泰在西南地区利用神道设教推行其统治方针的不二人选。

阮元、伊里布监修，王崧、李诚主纂，成书于道光十五年（1835）的《云南通志稿》，在“地理志”中对六茶山加有按语：“并在九龙江以北，猡梭江以南，山势连属数百里，山多茶树，革登有茶王树。”“食货志”收录了阮元的次子阮福所作《普洱茶记》一文，文中援引《思茅志稿》云：“其治革登山有茶王树，较众茶树高大，土人当采茶时，先具酒醴礼祭于此。”就目前所见，将茶王树所在地记述为革登山始见于道光《云南通志稿》。

经由传说流布、风俗相沿、祀祠推崇与时代变迁，逐步演化为后世“孔明兴茶”之说，最终将武侯诸葛亮推上了普洱茶祖的神坛。

《版纳文史资料选辑》第四辑收录了1965年曹仲益《倚邦茶山的历史传说回忆录》一文，文中明确记述茶王树生长在象明区（倚邦）新发寨背面的高山顶上。只是茶王树早就已经枯死，曹仲益只看到了据说是枯死后的茶王树留下的洞穴。他将从老人处听来的茶王树故事记录了下来。同书中还收录了云南省农科院茶叶研究所第一任所长蒋铨所作《古“六大茶山”访问记》一文，其中也有涉及革登茶山茶王树的记载，据访谈可知茶王树在革登八角树寨。

新中国成立之后，一些传统习俗一度消弭。随着普洱茶市场热度提升，在民间人士的自发推动下，各方共同集资在革登茶山石良子大草坡竖立起了茶祖孔明雕像，在 2018 年 4 月 11 日举行了盛大的典礼。此后，祭祀茶祖孔明成了勐腊国际贡茶文化节中的一项重要民俗活动。如今，被认定是祭风台的大草坡成了风景胜地。每逢年节游人如织，热闹非凡。

革登茶山新酒房附近的茶王树坑遗址，如今也改换了称呼，唤作“茶祖地”。被认定是茶王树坑遗址处又长出了一棵茶树，树前摆上了石质香炉。相距不远处，立着两块石碑。一块上面刻着“茶祖诸葛孔明公植茶遗址”，为 2004 年所立。另一块是“祭茶祖孔明公文”石碑，雷继初、张顺高撰文，立碑的时间是 2005 年，落款为“纪念孔明兴茶一千七百八十周年大会”。

梦想照进现实，如今的革登茶山既建起了祭风台茶祖孔明雕像，同时拥有茶祖地孔明植茶遗址。这两大人文胜景的加持，使革登茶山成了六山人文圣地，由此确立了自身在六大茶山中崇高的文化地位。

巍峨耸峙的茶山，既有世居这里的族群，还有外来的移民。铭刻在石碑上的文字，书写在泛黄纸页上的家谱，文献典籍中的蛛丝马迹，口口相传的故事，共同拼凑出革登茶山的历史脉络。

革登老寨附近密林中有一处三省大庙遗址，尚存一方功德碑，碑文中刻有“江省”“湖省”“云南省”的字样，三省众姓客商筹资重修大庙，功德碑落款时间为“乾隆四十六年（1781）孟夏月上浣吉旦”。作为庙馆合一的建筑，会馆集多重功能于一体，仅就祭祀而言，江西客商多崇祀许真君，湖广客商崇祀禹王，而云南石屏客商崇祀关帝，清代祀典与俗祀共同推崇的关帝拥有更为崇高的地位，故而会馆多被民间俗称为关帝庙。此外，会馆尚有议事、商贸、食宿、放贷等多重功能。围绕会馆形成的庙会成为民众重要的节庆活动。

石良子观音庙留存有一尊观音雕像，还有两方修庙时所立功德碑，其一为咸丰六年（1856）二月是庙告竣后所立，从中可以看出来自五省的客商多方集资修庙；其二为光绪三十四年（1908）二月十九日所立，碑文中言明重修庙宇并雕凿观音石像。外来的客商将他们的信仰习俗带到了茶山，并在茶山上留下了深刻的烙印。

一本始撰于咸丰九年（1859）的《刘氏家谱》成为了见证茶山历史的珍贵文献。刘姓先祖“闻茶山丰盛”携家人而来，其中提到的就有新酒房，在此以“煮酒为业”。“见女渐长，恐近夷狄，乃移居贡地莽芝江西湾十有二载，复迁于莽瓦。”刘家先祖的故事曲折动人，无意中成为后人了解江西客商移民茶山状况的绝佳样本，使得人们得以从中管窥当时茶山移民潮流之一斑。

另外一本始撰于1951年的《胡氏家谱》同样是茶山历史的私家佐证，攸乐山漫控胡家与倚邦下山只蚌邵家结亲，由此留下了一笔珍贵的记述。

刘家后代的遭遇堪称惨痛，邵家的结局更为悲凉，刘家、邵家后人又不约而同地将悲剧缘由归结到了风水先生身上，即便风水先生的姓名早已无从知晓。颇为巧合的是，为刘家、胡家誊抄编修家谱的也是两位在茶山民间鼎鼎有名的风水先生。《刘氏家谱》记述的家族往事与邵家外亲后裔口述的故事，都从侧面印证了在茶山谋生的艰辛与残酷。

自盛清康熙朝至晚清光绪朝，官修的史籍与私修的志书屡屡提及六大茶山，革登茶山始终位列其中。当我们将史志记载与茶山上遗存的碑刻、茶山人家保存的家谱和民间口头传说融会在一起，如同拼图般逐渐勾勒出革登茶山的社会生活风貌。

江西、湖广等省外客商与云南省内客商不断移民革登茶山，他们操持贩茶、酿酒等各种营生，筹资修建会馆庙宇，这其中既有精神的寄托，亦有现实的功能。或许是汲取了麻布朋事件中江西客商的教训，江西刘姓客商极为重视家风，并且极力与当地少数民族保持距离。然而茶山生存环境的严酷性远超一般人的想象，杀人越货的流匪的袭击，人与人之间的勾心斗角，动辄造成一个家族的烟消云散，人们常常在生死存亡线上挣扎。

进入到民国时期，六大茶山虽然保有“山茶”的品质与声誉，但是倚邦、易武已经衰落，茶叶生产贸易的中心地位让位于佛海，佛海周边的“坝茶”趁势崛起。造成这一巨变的主因之一乃是道路交通变革重塑了产业版图。

雍正五年（1727）至雍正七年（1729），改土归流设立普洱府前后历时三年，这是促使六大茶山兴起的重大历史事件。民国 30 年（1941）至民国 32 年（1943）基诺族起义，则是导致六大茶山衰落的重大历史事件。在这两场事件中，革登茶山鲜被提及，意味着革登茶山处于风暴边缘。但同处于六大茶山的版图之内，各茶山命运都紧密相连，共同面对荣辱悲欢、兴衰浮沉。

新中国成立以后，曹仲益、蒋铨撰写的文章足以印证茶山的境遇，曹仲益的回忆录中提及的是牛滚塘半山，蒋铨的调查结论将莽枝茶山归并于革登茶山。自此，茶山开始了长达半个多世纪的沉寂，直到当代普洱茶复兴，六大茶山再次迎来高光时刻。

生活在当下的人们无疑是幸运的，当我们回顾茶山历史发展进程，难免会忍不住喟叹：在这苍茫的大地上，主宰命运沉浮的力量是什么？一片小小的茶叶，映衬出平凡世界里芸芸众生的万千世相，但愿每个人都能品味出文字背后的深意。

石良子

茶山月明风清，山堂春夜茶香。

癸卯年春茶时节，应友人郑明敏先生之邀，在牛滚塘山脊上的叶渡山堂小住。叶渡山堂可以说是茶山上最美的观景民宿了，晨起观日出，傍晚看日落，茶山美景尽收眼底。连日往返穿梭于革登茶山的村村寨寨，聆听茶山老人口述往事，寻幽访古探寻茶山的历史。悠游古茶园，品味古树茶，领悟自然的奥秘。

4月中旬的一天，茶农江梅大姐早早就开车来到叶渡山堂，接上我一道前往石良子。近年来象仑公路修修停停，从景洪市翻越攸乐山过小黑江进出勐腊县象明乡成了最为便捷的通道，基诺山寨石良子俨然成为了进出象明茶山的门户。石良子村民小组在行政上隶属于安乐村委会，文化地理上则被划归革登茶山。依照它的地理位置，称其为“石梁子”更为准确。

石良子距离安乐村委会驻地牛滚塘约六公里的车程，中途经过祭风台，当地人也称其为大草坡，野草逢春野蛮生长，漫山遍野开满白花，芳草缤纷，随风摇曳，引来无数游人踏春。

祭风台孔明雕像

细究史籍中记载的祭风台，似与此地并非一处。雍正《云南通志》载：“祭风台在城南六茶山之中，登其上可俯视诸山，相传武侯于此祭风，又呼为孔明山。”道光《普洱府志》、光绪《普洱府志》都因袭了这样的说法，用词略有差异，又说是孔明借箭处或诸葛搭营处。

当地的茶农非常中意这里的山川风貌，数年之前集资在山顶竖立起一座孔明的雕像，每年春季自发组织集体拜祭，引得八方茶友纷至沓来，俨然成为了一年一度的盛大节日庆典活动。春节期间，附近前来登高的游人摩肩接踵，各色小商贩生意兴隆，停放、堵塞在公路上的车辆能有数公里长。

石良子地处勐腊县象明彝族乡与景洪市基诺乡交界地带，共有 39 户、208 人，石良子隶属于象明彝族乡，但当地居民多是基诺族。民族的融合，文化的交流，使其呈现出多姿多彩的风貌。

近年新修的从安乐至景洪市的柏油路从石良子穿过，石良子村民小组会计罗杰家临着公路，楼顶搭了个草棚茶室，放眼四望，依山而建的石良子民居呈现出的都是基诺族的建筑风貌。世居本村的有潘、张、刘、杨四姓人家，何、郭、唐等其他姓氏都是从莽通搬迁来的人家。许多石良子人都是跨族通婚繁衍的后代，父系源出外来汉族，母系源出当地基诺族。石良子人虽然在建筑风格、民族服饰等方面努力保存基诺族的风貌，但自幼所受汉文化的教育与熏陶，已经刻进了骨子里。

出石良子沿公路往小黑江方向行驶不远，右手边有个岔路口，沿着生产道路下行，转过一道弯，眼前豁然开朗，这是位于高山上的一个小坝子。农耕文明时期，拥有可供插秧种稻的肥沃盆地，无疑是安身立命的生存保障。背靠巍峨的孔明山，有一座小山掩映在郁郁葱葱的林木中，山虽不高，却以一座观音庙而闻名。倘若从空中俯瞰，山似莲花，庙处莲心。穿过坝子上的土路行至山脚下，沿着早年开发旅游资源时修建的台阶往上攀登，半山腰分出两条岔道，一条通往孔明山顶，另一条去往观音庙。遇有晴好天气，四时游人不断。

山顶伫立着一座近年重新修建起的仿古式两层水泥小楼，听人念叨了许久，癸卯年正月初三，与罗杰、江梅相约，一道来到了心心念念的观音庙。一层大殿中的香案上供奉着一座石雕观音造像，只有数十厘米高，面容端庄慈祥，造型精美。在过去漫长的岁月里，这尊观音像成为一些外来汉人移民与客商精神寄托的所在。

两方不起眼的石碑倚靠在大殿门外的墙壁上，这是修建观音庙所立的功德碑。一同前来的江梅、罗杰做了周全的准备，提来了清水与酒精，携带着刷子与毛巾。用清水洗去灰尘，用酒精去除青苔，擦拭干净后，俯身仔细辨认碑文。较早的一方功德碑是咸丰初年所立，选用的石材质地花杂，浅刻碑文，历经岁月沧桑，许多文字已经漫漶不清了。几经努力辨认，可以确认碑文标题为“重修观音庙功德碑记”，断断续续可以看到一些句子。“自古设立神庙保境一方，威灵有感，五省沾恩”，由此可知，这是五省客商共建的庙宇。碑文中提到“不意上年有蛮匪□虏□滥地方”，可见其是因意外变故遭到破坏。起意重建，“今境中住居数年以来”，可知是久居生活之地。“凭值年首目等公平训判”“知情状者愿罚锱铢赔补神庙护神”“功德共助”“勒石刊名永不朽矣”……由此可知，在值年首目的带领下，通过两种渠道筹措资金，一种是违规犯错者缴纳的罚金，另一种是主动捐助资金。就连缴纳罚金的缘由都列了出来，扳扯、诬陷他人都会受到重罚，可见头目们在群体中享有声望并掌握有一定的权力。主动捐助则能受到赞赏，被称为“恩主”。收支的账目公开，各项罗列清楚。咸丰五年（1855）重修观音庙过程中承办人患病亡故，延迟到了咸丰六年（1856）二月是庙告竣，真可以说是一波三折。

另一方石碑材质较好，碑文清晰可辨。碑额题写了“永垂不朽”四个大字，碑文标题同样是“重修观音庙功德碑记”。碑文中罗列了捐资人等的姓名及捐资数额，随后列明了收支项目，明确记述了最主要的花费是“做观音菩萨金身”，余额交值年会长收执。河西县石匠普联清将刻字花费银捐做功德。立碑时间为光绪三十四年（1908）二月十九日。

时值春节，山顶人来人往，自勐腊县瑶区乡、易武镇远道而来的瑶族，在附近居住的苗族，三五成群结伴同行，身着民族盛装，欢度佳节。而这两方石碑却甚少有人关注，碑

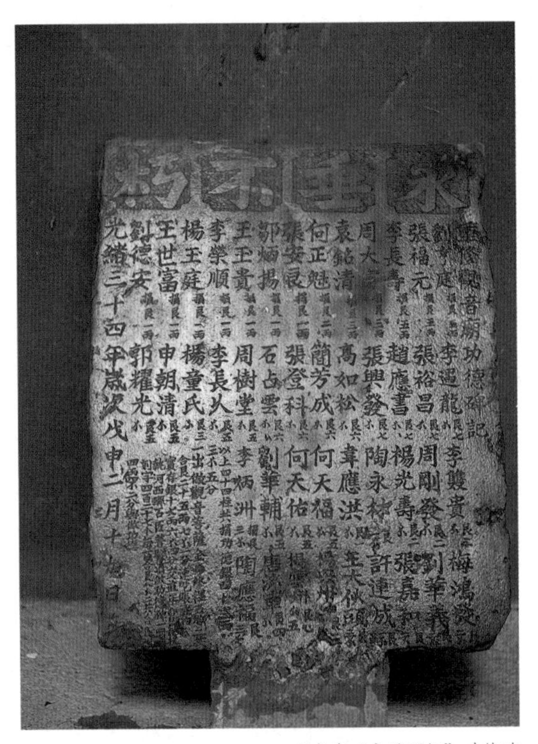

观音庙“永垂不朽”功德碑

文中记述的这片土地上曾经发生过的事件，为后人留下了茶山上的历史片段。

时间来到了4月中旬，适逢春茶上市，再度来到石良子。罗杰叫上同村的茶农张帅、唐江二，同江梅大姐与我一起去探看石良子的古茶树。沿着石良子村民小组社房对面的土路往里走，数百米开外路下边的山坳里就有古茶树。革登茶山的村寨中，石良子的古茶树几乎不为外界所知，大概是散株分布的缘故，没有连片的古茶园，极少有人会驻足喝杯茶，以至于声名不显。

眼前的大茶树枝干粗壮，茶农专门抬来了竹竿搭起架子，既方便采摘，也起到了保护的作用。罗杰、唐江二与张帅身手敏捷地爬上架子，江梅站在树下，两相对照，更映衬出古茶树的高大。往年春茶一季，一棵古茶树就能采下十多公斤的鲜叶。只是2023年的状况尤为特别，天气干旱，加上闰二月，古茶树到现在都还在沉睡中，看不到丝毫新梢萌发的迹象。要到4月20日，才进入农历三月，依照往年的经验，那才是古树茶开采的时候。

石良子古茶树

石良子村里有一条公路通往龙谷，离村子一公里开外，就在这条公路边的山坡上，江梅承包了一片茶园。随同江梅一道前往茶园，当天已经开始采摘乔木茶树的鲜叶。放眼望去，这片林下的乔木茶园萌发得郁郁葱葱，这得益于上有大树遮阴，地面杂草覆土，茶园从而保持了湿润的环境。身处其中，能够感受到湿润的气息。而那些砍光树木、除净杂草的茶园，地面干旱得都要裂开了，小茶树干枯，古茶树落叶。面对这酷烈的旱情，茶农们内心无比焦灼，都盼望着能来场及时雨，拯救这些在生死边缘苦苦挣扎的茶树。

眼前的茶园中，江梅请来的三个工人正忙着采摘鲜叶。他们中有人来自墨江，也有人来自红河。壬寅年被疫情耽搁，没能来山上采茶，2023年相约结伴来找工。忙完这段春茶采摘的活计，还要回去继续打理自家的香蕉。他们早就适应了这种候鸟般周期性往返家乡与茶山的生活，为的只是用自己的辛劳与汗水换一点微薄的收益。关系到自身收益的高低，他们也会有自己的考量。“茶叶发得好，按斤数。茶叶发得不好，就算点工。”一位采茶的大姐这样告诉我。年景好，茶叶发得好，一个人一天可以采下十公斤的鲜叶。每天早上七点钟就上山去采茶，带了午饭在茶园里用餐，忙碌的工作持续到下午六点钟才算结束。亚热带高山上的大太阳火辣辣的，纵使尽可能做好防晒，个中滋味也还是不好受。采茶的大姐性格开朗，爱说爱笑：“你们不用晒太阳最好了。晒太阳又黑又老，90后看起来像五十岁。”

采茶

江梅承租的这片茶园面积有十多亩，春茶一季可以采上三拨茶。第一拨少，第二拨多一点儿，第三拨又少了。眼下的这一拨还采不到一百公斤鲜叶，三个采茶工两天的时间就可以将这片茶园采完，然后就转去其他人家的地块采茶了。

回到江梅的初制所，临近傍晚时分，她开始生火、刷锅，准备炒茶。称取五公斤鲜叶，这是手工炒茶时每锅投放鲜叶的重量。为了把茶叶做好，她还专门去勐海跟云南省农科院茶科所的陈继伟老师学过炒茶。她认为 2023 年天气干旱，炒出来的茶叶比往年更香，品质更好一点。她很讲究细节，炒茶的时候，还特意戴了个帽子。旺季的时候，她一天下来要炒十多锅茶，下午天热少炒几锅，晚上更凉多炒几锅。一个春茶季下来，要炒一千多公斤鲜叶，晒干后的毛茶超过三百公斤。古树茶都采用手工炒、手工揉捻的方式，乔木茶多数用机械杀青与揉捻。茶季的日日夜夜，就是伴随着氤氳的茶香度过的。当天经过杀青、揉捻后的茶叶，均匀地撒在簸箕里，抬出去放在阳光下晒干。

背茶青

去到罗杰家的茶室，专门找出来了两泡头春的石良子古树茶来品饮。地处攸乐山、莽枝山与革登山三山交界的石良子，古茶树主要分布在葫芦碑、薄荷林等寨子周边的广阔地区，独特的地理位置赋予了石良子古树茶别样的风韵。

巍峨耸峙的孔明山和风云变幻的祭风台，是六大茶山各族茶农心中的人文圣地。高山上土地肥沃的坝子，那是养育人们的世外桃源。香烟缭绕的山间小庙，那是过往时代人们的精神家园。看天上云聚云散，看眼前人来人往。人文的记忆，自然的滋味，借由这一盏茶，代代传承。

值蚌

勐腊县象明乡安乐村委会值蚌村小组茶园
茶树类型:栽培型茶树
树名:普洱茶
学名:camellia sinensis var. Assamica
保护级别:省级
面积:319.1
株数:12199
平均树龄:百年
编号:
责任单位:勐腊县林业和草原局
设立标志时间:2022年

值蚌是革登茶山拥有古茶园面积最多的村寨，老人们说那都是过去邵家留下的茶园，如今值蚌古茶园已经换了主人，只留下邵家的故事口口相传。

壬寅年冬月，我住在牛滚塘山脊背上的叶渡山堂，无意间看到了一份《胡氏家谱》的复印件，我们尝试对这份家谱进行了解读，没承想被胡家的后人看到了。循着友人提供的线索，与徐辉棋先生相约，专程去了一趟景洪市基诺乡巴卡村委会洛科新寨，村民胡永昌家藏的就是这本《胡氏家谱》的原件。明清交替之际，胡家的祖上从江南辗转湖广、四川，后来定居云南，其中一支最终在攸乐山漫控安家落户。在讲求门当户对的年代，胡家这一支第五代胡照雄娶了邵家小姐

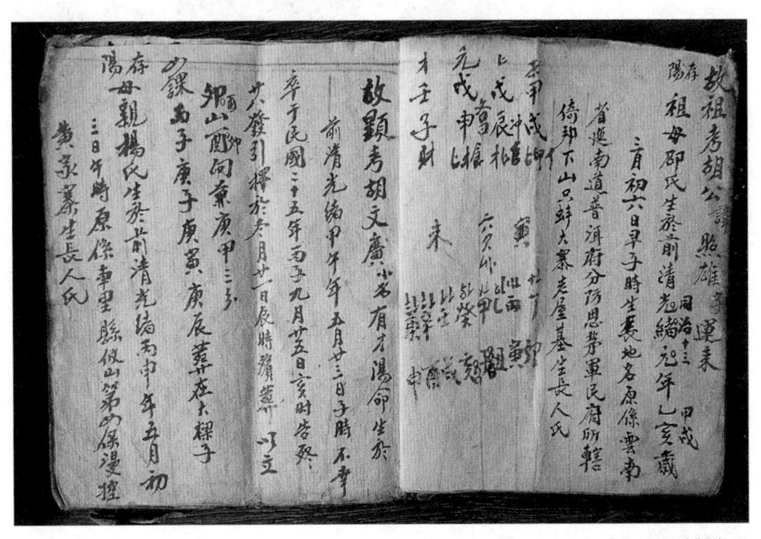
故祖考胡公讳照雄字運来
存陽 祖母邵氏生於前清光緒元年乙亥歲
三月初六日早子時生長地名原係雲南
普洱府分防思茅軍民府所轄
倚邦下山只蚌大寨老屋基生長人氏

故顯考胡文廣小名有才陽命生於
前清光緒甲午年五月廿三日子時不幸
卒于民國三十五年丙子九月廿五日亥時告終
廿六發引擇於冬月廿一日辰時殯葬 吉立
卯山酉向兼庚甲三分
分課丙子庚子庚寅庚辰葬在大棵子
存陽 母親楊氏生於前清光緒丙申年五月初
三日午時原係車里縣攸山第四保漫控
黄家寨生長人氏

《胡氏家谱》书影

为妻，家谱中记录了邵氏的身世："存阳祖母邵氏生于前清光绪元年（1875）乙亥岁三月初六日早子时，生长地名原系云南省迤南道普洱府分防思茅军民府所辖倚邦下山只蚌大寨老屋基生长人氏。"这本家谱是曼庄丰增福先生应主家所请于1951年亲笔写下的。时过境迁，家谱中记述的邵氏与书写家谱的丰增福先生都已经谢世，所幸还留下了一笔珍贵的记述。

癸卯年春节甫过，一天在值蚌老村长杨顺发家喝茶，他顺口说了一句："村民石保昌从小在值蚌长大，当过会计，六十多岁，邵家的事，他更记得一点。"只是石保昌早年招工去了农场，只有茶季的时候才会回来。转眼间到了4月下旬，得知石保昌已经回到茶山，便再次赶到值蚌老村长杨顺发家中与石保昌见面。在杨顺发家中的茶室里，石保昌讲述了自己听闻的故事，还有自家的身世及与邵家的渊源。

值蚌茶王树晒青毛茶

清朝末年，茶山上来了看风水的师徒二人，家境殷实的邵三祝热情款待了他们，先生看中了曼赛路半山腰上的一块风水宝地，告知邵三祝将祖坟迁葬此处可保家族兴旺发达，代价是先生会因此双目失明，双方口头商定邵家日后发达了要供养先生。依照先生所言行事，邵家后来果然暴富，广置田地开山种茶，在值蚌老寨盖起了大宅院，家里牛马成群，雇了众多工人打理家业。而风水先生回家之后眼睛果然瞎了。十年之后，先生打发自己已经出师的徒弟前往茶山打探虚实，并嘱咐了徒弟应对之策。扮作叫花子的徒弟来到茶山，眼见此时邵三祝已经成了山主，娶了三房老婆，大老婆给他生了个姑娘叫邵小转，二老婆也给他生了个姑娘叫邵珍珍，小老婆没有生养，这成了家大业大的邵三祝的心病，他还沾染上了吸大烟的恶习，压根瞧不起穷人，更是对乞丐模样的徒弟心生嫌恶，连口饭都不给吃。看清邵三祝真面目的徒弟内心已经有了打算，他改头换面后故意透露消息给邵家的雇工，声称可以破解邵三祝的病根，并助邵家六十年大旺，邵三祝连忙重新将其接回家中隆重招待。徒弟诱其再度迁移祖坟，对此深信不疑的邵三祝立马付诸行动。徒弟分文不取，只是带走了先前坟中挖出的一碗清水，回去用清水给师父洗眼，使得师父重见光明。经此之后，邵家急剧败落，家里的男丁都死绝了，剩下的都是婆娘女娃。

故事并未就此结束，厄运始终笼罩在邵家头上。虽然已经家道中落，但还薄有资产，邵家大小姐邵小转经媒人介绍，嫁给了从四川逃难到茶山的石润生，陪嫁给石家一块茶地，夫妻在白花林上来一点安家，后人称其为石家屋基。民国26年（1937）石润生去世了，留下了年方三岁的大儿子石双桥和尚未取名、还在母亲怀中嗷嗷待哺的小儿子。孤儿寡母的日子实在难熬，邵小转只好硬着头皮投奔守着老宅大房子的小娘。她每天早上要出去采茶，回来还要给襁褓中的小儿子喂奶。本就心怀不满的小娘认为耽搁邵小转做工的婴儿是累赘，趁人不在狠心喂他吃大烟，将其毒死。

厄运接踵而至，觊觎邵家资财的土匪盯上了孀居的女人，瞅准空当闯入老宅，抢不到钱财，就将小娘吊起来用火烧。闻讯赶来解救的人把她放下来的时候她已经不成人形了，一个小女孩打来一瓢水给她吃，之后小娘就死掉了，只好在边上挖坑就地埋了，也就有了“火烧老奶”的地名。

解放后邵家人就只剩下了大娘生的邵小转，二娘生的邵珍珍，以及小娘抱养的邵顺林。直到这个时期，邵家的悲剧还在上演。旧社会时期邵珍珍的母亲在邵三祝去世后搬去茶房旧家接着做点儿茶叶生意，经管账目的事项就落在了邵珍珍身上。新中国成立后“扫四旧”，邵珍珍悉心保管下来刻在竹条上的账目被拿去烧掉了，已经嫁给李老四，生养了两个儿子、三个姑娘的她内心无论如何都想不通。一天早上，她像往常一样给家人煮好饭，背上小女娃就出门了，走到曼赛路与秧林岔路口，那里有个大石头塘，她狠下心将女娃丢进了水塘里，又顺着曼赛路往回走，走到黄竹林河边半山腰上吊自尽。后来还是傣族人相继发现了母女的遗体，最终邵珍珍被埋在曾经挖出一碗水的祖坟边上了。

小娘死后，邵小转带着儿子石双桥讨生活。后来石双桥讨了鲁大妹做媳妇，生了九个子女，老大至老五都是姑娘，因为缺医少药，老五夭折了。石保昌是老六，下面还有两个弟弟和一个妹子，妹子已经过世了。1934 年出生的石双桥一生坎坷，自幼丧父，长大后被老熊抓了三次，鼻子被抓掉，眼睛一只看得见，一只看不见，肚子和腰上生疮，1979 年病逝。石保昌感叹道："父亲命苦得很。"谈及与邵家沾亲带故的人，石保昌又说："沾着邵家边的人都不好过。"

石保昌没有见过他的奶奶，邵家的故事都是老人款古经时他听来的，弥漫着亦真亦幻的色彩。自家亲人的真实经历惨痛无比，而那正是过往时代茶山上芸芸众生命运的惨淡底色。铭记历史，正视当下，我们才能懂得身为平凡世界里的普通一员，如今这顺遂平淡的生活是多么珍贵。邵家的后代，嫁的嫁，搬的搬，纷纷离开值蚌。就连邵家茶园的称呼也越来越少有人提及。曾经在茶山上创造了短暂辉煌的邵家渐渐淡出人们的视线。春去春复来，青山依旧在，这片土地一次又一次更换着主人。

安乐村委会下辖的值蚌村民小组，总共 21 户，80 多口人。世居此地的村民几乎搬迁殆尽，现在的村民都是后来搬过来的。杨姓的祖上是四川人，杨顺发是第三代，讨了新发的婆娘，1987 年从新发寨搬迁至值蚌，生养了一个姑娘三个儿子，儿女都已经成家立业，子孙满堂的他过得开心自在。杨顺发任过多年值蚌村民小组组长，正是在他的带领下，值蚌古树茶的市场价值在革登首屈一指。值蚌古茶园面积超过九百亩，分布在白竹林、搭桥沟和值蚌老寨等各个片区。乔木茶园面

茶园中奔跑玩耍的孩子

积一千多亩，是2003年开始陆续栽种下的。橡胶四百多亩，没有收益。稻田一百五十亩，多数是雷响田。杨顺发的形容形象有趣：“雷响得大一点儿才得吃。”如今，接任值蚌村民小组组长的杨超是他的二儿子。身形敦实的杨超总是水烟筒不离手，有事没事总要抽两口。杨超娶了个小曼乃的媳妇，一儿一女都还年幼。家庭主要收入就是靠茶，为他家带来名声的当属那棵值蚌茶王树了。癸卯年春茶季，适逢值蚌茶王树开采，杨超脚踩人字拖，身穿半袖、短裤，骑摩托车载着我一路飞驰，直奔值蚌老寨的茶王树。他叫上了值蚌寨子的周瑜和她嫂子彭冬雪，她们专门穿上彝族服装来采茶。寨子里的大姑娘小媳妇个个都很能干，摩托车骑得飞快，爬树采茶更是不在话下。一上午的功夫，手脚麻利的两个人就把茶王树上萌发的新梢悉数采摘完成，末了还不忘在茶王树下合影留念，时刻不忘宣传值蚌古树茶。待她们转身往回走的时候，我拍下了她们欢快的脚步，密林间鸟鸣声声，婉转动听，想来是唱出了过上美好生活的她们的心声吧！

姑嫂与茶王树合影

值蚌老寨旧物

壬寅年春茶季，杨超专门安排人骑摩托车载着我去看深藏在值蚌深山密林里的茶地，摩托车翻过高高的山岗，又沿着“之”字形的小路辗转下到山坳中，步行走了数百米后，我们终于得以目睹杨超心中最爱的森林茶。这片少有人涉足的森林茶园，古茶树与周围的林木融为一体，森林是人类的古老家园，更给予了古茶树最原始的庇护。这里的古树茶拥有最为曼妙的普洱滋味，那是自然之味，那是山野气韵，令人饮罢如同置身于雨林之间，念念不忘。

回到杨超家中，安坐在他家的茶室里。隔着深深的峡谷远眺，双峰耸立的大山，将秧林拥入怀中。身后值蚌老寨的往事已经远去，前方的安乐寨名诉说着茶山人的心声。青山隐隐，绿水悠悠，天上云卷云舒，地上人来人往，这座因茶而兴的大山，这个因人而兴的村寨，等待着爱茶的人们前来探寻，品味世间绝品的古树茶，述说平凡世界的旧日传奇。

森林古茶园合影

新发

从安乐村委会驻地牛滚塘出发前往新发村，途经一个三岔路口，象明乡政府曾在路边竖立过一个巨幅的广告牌，专门来宣传革登茶山。革登茶山涵盖新发、值蚌、新酒房、攘头山、白花林、石良子、石马鹿七个村民小组，实际上就是原新发村公所的辖地，后于2000年并入安乐村委会。即便如此，革登茶山还是打上了新发的深刻烙印，自安乐至倚邦与象明岔路口这段通道依然被命名为新发公路。

说起茶山的往事，没少人跟我念叨陈富春，他是新发人，从村到乡再到县，担任过三级基层领导职务。他在任职安乐村委会党总支书记期间，秉承“既尊重历史，又结合现实”的理念，选择了“祭祀茶祖孔明”作为活动主题，带领众人推广与宣传茶山。起先是小规模尝试，而后吸纳安乐村委会下辖十四个村民小组参与，再到后来成为勐腊国际贡茶文化节的重要组成项目，影响力逐步向外扩展。2018年，集众人之力，在祭风台竖立起茶祖孔明雕像。此后，这里不仅成为每年祭祀茶祖孔明民俗庆典的主场地，更是成为革登茶山的一处人文胜景，往来之人纷纷前往观光，使其成为茶山打卡热点。随着普洱茶产业再度兴盛，古老的民俗焕发出新时代的风采。

往新发方向的第一个路口处立了块玲珑有致的大石头，上面镌刻着“革登茶山”四个大字。路对面曾经是新发茶农唐旺春亲手建盖的初制所，他因节省下了不少工费而自得许久，连同路边革登茶山地标石也是他所为。唐旺春钟情于茶山传统文化，非常擅长讲故事。前些年在他将初制所搬至新址之前，原本他立在新发老寨入口处的地标石突然滚下坡去，他笃定冥冥之中自有天意，于是将其一道搬了过来。原本一脸严肃地给我讲事情的原委，末了自己绷不住“嘿嘿”笑出了声。唐旺春还是个制茶高手，他曾经拿亲制的革登茶山古树茶去参加 2017 年易武斗茶大赛，任谁都没料到居然一举夺得了金奖，这是他最引以为豪的一件事。说到兴起，他转身去拿了一泡茶过来，神秘兮兮地告诉我们说“这就是获奖的那款茶。”世事无常，2021 年，就在唐旺春即将迎来知天命之年的时候，生命却戛然而止，匆匆走完了他的一生。在他初制所后面的茶园中，有一方小小的山神碑陪伴着亲手栽下这片茶树的茶园主人，葱郁的茶树见证了一个茶农在这方土地上书写下的动人故事。

革登茶山地标石

相距不远处是新发村民小组组长刘永家的宅院，他们家祖上留下的《刘氏家谱》是印证茶山历史的稀见文献，他也希望能够复制一份留给自家。2019 年起，刘永出任新发村民小组组长。安乐村委会新发村民小组有户籍的人家是 38 户，共106口人，一直生活在新发的只有15户。以彝族居多，鲁姓、胡姓为主。古树茶地分布在值蚌老寨、新发老寨、山王庙、大凹塘等处，总面积在1100亩以上。乔木茶园总面积在6000~7000亩之间，2003年种了800亩，2005年种了1000~1200亩，都是用本地种栽种的茶树，后面栽种的茶树，本地种、外地种都有。地处高海拔的新发没有适合种橡胶的地，自2015年开始种了300亩坚果，沟箐边还有100亩稻田。

刘永自家有一棵茶王树，就位于茶祖地入口处对面的山坡上，我们专程驱车前去探看了一下这棵茶王树，树周专门用钢管搭了个架子方便采茶。茶王树被租给了外来的主顾，签订了为期三年的租约，每

新发茶树王

年的租金为十万元，合同上还专门盖有安乐村委会的公章。文献记载中的革登茶王树是当地人崇祀的对象，现实中的茶王树则成为身价高昂的商业标的，从一种文化符号转化成标识。

刘永家路对面就是权记号陈香寨茶厂，主人名叫权晓辉，他是权存安先生的大儿子，1995年茶叶中专班毕业后就跟随父亲做茶，2006年注册权记号。当年从曼林、倚邦与革登收购的毛料都是用马驮运到八总寨加工，权晓辉既做代加工，也做自家品牌，每年能做一两吨茶，做好后再用拖拉机运出去。经历了2006至2007年普洱茶市场的暴涨暴跌，权晓辉于2009年搬来他妻子陈明霞娘家所在的新发，盖了一间茅草屋做厂房，取名权记号陈香寨茶厂，因陋就简地采用土灶、铁锅、石模蒸压普洱茶。或许是为了铭记过往的日子，他总是念叨“老锅老灶老味道”。2021年9月权晓辉获评非物质文化遗产代表性项目古六大茶山普洱贡茶传统制作技艺州级代表性传承人，

权晓辉非遗传承人铜牌

他还专门聘请了专业营销团队主推自己的品牌“权记贡茶”。宣传语也变得富有时代感：“制茶师、评茶师、茶艺师，三大师坐镇才能做好普洱茶。”他笃定地认为：“普洱茶，质量一

半，文化一半。”

现在的权记号陈香寨茶厂早就面貌一新，整体上属于前店后厂的建筑格局。适逢春茶季，权晓辉依然坚持自己手工炒茶。鲜叶下锅的温度以烫手心为宜，太烫了手扎不住。看茶制茶，老叶嫩杀，嫩叶老杀。杀青以折梗而不断为标准，达到标准后就可以出锅了。杀青完成后他随手簸拣了一下，将有焦边的杀青叶簸出去。随后他坐在条凳上手工揉茶，伴随着他手上轻一重一轻的揉茶动作，这条跟随他多年的揉茶专用条凳有节奏地咯吱作响。他讲求揉好的茶条松紧适度，为的是后期压好的饼茶能条索清晰。揉好的茶均匀撒在簸箕中，拿出去放在阳光下日晒干燥。在他的心目中，六大茶山的普洱茶一山一味，更讲求做出的茶要是“生命之叶”。作为非遗传承人，通过师傅带徒弟的方式，他不断将普洱贡茶制作技艺传播出去。

权晓辉揉茶

从新发公路岔出一条水泥路，沿这条岔路往下走就是值蚌村民小组，与后来搬迁至此的新发村民小组几乎连在一起。半坡处的一条土路绕了一个弯儿通往文利兵家的初制

所，文利兵高中毕业后进入勐仑植物园，工作了十二年之后重回茶山，2012 年起在权记号陈香寨茶厂当了三年厂长。茶山上的人

文利兵晒茶

家都是亲戚套亲戚，文利兵的妻子名叫陈明珠，她与权晓辉的妻子陈明霞是亲姊妹。文利兵跟着自己的妹夫权晓辉学做茶，后来另立门户单干，注册了“值蚌蚂拐塘”商标，2016 年建起了标准化的初制所，清洁卫生程度放眼革登茶山各村寨都是数得上的。遇上茶季鲜叶采摘的洪峰期，规模大的初制所都要请工来炒茶，都以锅为单位来付薪资。安乐村委会下辖的牛滚塘一组、牛滚塘二组都是从红河州迁徙至此的苗族，作为外来户并没有古树茶，年轻的苗族小伙儿们只要肯学肯干，凭借学来的炒茶手艺也能谋得一份儿收益。当天文利兵家采回来的鲜叶量大，电话摇人来帮忙炒茶。苗族小伙儿们利落地干完活儿，跨上摩托准备要走，文利兵喊住他们逐个结账，随后摩托车在轰鸣声中就一溜烟儿跑远了。每逢茶季来临，就有头脑灵活又吃苦耐劳的苗族小伙儿们结伴背负工具进入森林去找茶，就地采摘加工成毛茶，然后再一路跋山涉水带回来。在文利兵家的茶室中，他给我讲述了这种

茶的来历，还把这种名叫“大黑鬼”的森林茶泡来喝，这种带有原始森林气息的茶有着令人惊艳的山野气韵。他起身找了半天也没能找到完整的一片，末了自己回想了一下说：“应该是放在自家景洪的茶店里了。”满口应承要送一片给我喝，最后又特意强调说：“这种茶就只有喝的，没有卖的。”

鲁建华家的宅院紧邻新发公路。鲁家祖上来自江西，到鲁建华是第四代。老人们传说：“鲁家每三代人就会出一个左手吃饭的。”这种说法听上去很有意思，但谁也说不清楚原委。鲁建华任过多年新发村民小组组长，对村子里的情况非常熟悉。新发以前叫阿卡寨，现下新发、值蚌地界上的古茶树都是以前邵家茶园遗留下来的，属于值蚌的古茶园更多，新发的古茶园要少一些。新发的古茶园位于阳坡，阳光照射更强烈一些，茶叶香气更浓。值蚌的古茶园阳坡、阴坡都有，茶叶回甘更好。一般来说值蚌古树茶更贵，实际上与新发的混在一起更好。

距离通往牛滚塘、石良子与新发三个方向的丫口不远处的山脊背路边，曾经竖立着一个茶马古道指路碑，早年间差一点儿就

茶马古道指路碑

被人给搬走了，得知消息的鲁建华开车撵上去要了回来，然后就一直保存在他家里面。指路碑稍微有点儿残损，有些字迹剥落掉了，还有些字句勉强可以识读："上下来往，客官要行三分（岔）。""分右手""分左手"。据此可以推测出，这是一块指明三个方向的石碑。

遥想在过往的农耕文明时代，六大茶山境内的茶马古道网络上分布着众多的村寨，古道上马帮客商络绎不绝，沿途的指路碑为他们指明前行的方向。现在的工业文明时代，六大茶山境内的公路网络连通村村寨寨，往返茶山的商旅在导航的指引下不绝于途。从过往到当下，人们循着普洱茶香的指引，一路去追寻心中的梦想。

新酒房

过往十多年间入山寻茶，经常是过新酒房而不入，直到最近几年深入探寻后，才发现新酒房寨子隐藏的秘密，这里不仅有古树茶，还有许多动人的故事。

乾隆末年，一位刘姓江西客在普洱一带做雇工，用辛苦所得的工资奉养远在江西的高堂。他还花费了数年的时间在普洱及周边游历，其间嗅到商机，便开始逐步移进茶山。同众多缺乏商业资本的小商贩一样，他也只能从走村串寨的卖货郎干起。嘉庆十年（1805），年届三十八岁的他眼见回乡无望，于是拿出积蓄作为彩礼，娶李氏为妇，而后携妇前往革登茶山谋生。初到茶山，得益于江西同乡的帮扶，他们夫妇暂借革登老寨附近的三省会馆落脚。随后他们又在附近的新酒房寻到了落脚点，并且“煮酒为业”，随即生儿养女。嘉庆十五年（1810），眼见膝下儿女见长，“恐近夷狄”，他们举家搬迁至“贡地莽芝江西湾”，那是江西人聚居的汉人村寨，在那里住了十二年，直至长大成人的儿女们成家立业。

他们为自己延续了汉人的家风深感自豪，并将这些事迹口述给后人，作为他们这一支刘姓始祖的生平传记，这也成为咸丰九年（1859）编纂的《刘氏家谱》的开篇之作。这本家谱能够经历动荡岁月保存下来实属不易。民国30年（1941），刘家后人请当地颇富声望的袁铭清先生将家谱誊抄了下来。这本残破的家谱留下一个家族的历史记忆，也印证了新酒房是一个有着超过二百年历史的古老村寨，并且很有可能是一个以酿酒为主业的村寨，就连它的寨名也彰显了寨子的产业特色。

史料、文献的记载，文物碑刻的铭记，代代相传的故事，将它们融合为一体的时候，曾经发生过的一幕幕历史图景，再次鲜活地浮现在世人的面前。

己亥年春茶季，我们从牛滚塘出发赶赴新酒房。新酒房茶农鲁长青的家就在公路边上，他在自家的院里还搭了一个充满野趣的茅草棚品茶室，闲坐其间喝茶赏花，别有一番风味。鲁长青骑摩托车在前头带路，我们开着越野车紧随其后，沿着他家对过的一条土路去往革登老寨方向，革登老寨早就已经无人居住，反而是在距老寨不远的密林中留有一处三省会馆遗址。走近遗址入眼可见的是三省会馆的挡墙，隐约可以看出这是一座递进式的院落，到处散落的都是柱脚石、青砖和瓦片，最为引人瞩目的则是遗址上的一方石碑，由于乏人照看，任其在野外经受风刮雨淋，石碑上的文字大多数都已经漫漶不清了。

自从知道革登茶山三省会馆的遗址所在之后，每次途经新酒房都会前去探看一番。三省会馆遗存下来的石碑，碑额上刻着四个大字“万善同缘”。碑文中刻有“江省”“湖省”“云南省”，“云南省”三个字明显字体更大。直到壬寅年秋季，我们再次来到革登茶山三省会馆遗址，当我们俯身探看石碑的时候，光线正好从身后照射到石碑上，我们终于看清了石碑的落款是“乾隆四十六年孟夏月上浣吉旦立”。碑文中还有些文句隐约可辨，其中有“历年久远，屋倒墙开”“所赖前人遗存”“积聚多年”“三省众姓一力”“俱无吝啬”等字句。由此，我们可以得知这是三省客商重修会馆所立的功德碑。清代六大茶山的会馆都是“庙馆合一”的建筑，其中崇祀的主要是关羽，所以老百姓也称其为关帝庙。会馆还备有厨房、客房，为客商提供食宿，甚至还有放贷的业务，可以借钱、借粮，到期后借贷人连本带利归还，这也是会馆的收益来源之一。新来茶山的移民，大都是在同乡的帮扶下，借助于会馆，最终扎根茶山。

革登茶山三省大庙“万善同缘”功德碑

历经二百多年的风风雨雨，战乱、灾荒、瘟疫轮番上演，旧有的会馆只留下残垣断壁，历史记忆渐至于湮没无闻的境地。伴随着当代普洱茶产业的再次复兴，人们重新发现古茶山的价值内涵，生活在新酒房的茶农仰赖前人留下的古树茶资源过上了富足的生活，热爱古茶山的人们不断打捞历史的碎片，冀望寻找到普洱茶背后的文化根脉。

壬寅年腊月，在新酒房龙成号革登庄园见到了庄园主郭龙成先生。龙成号革登庄园的地理位置极佳，恰好位于新发公路通往茶祖地的入口处。一路散步聊天，不大会儿的光景就走到茶祖地了。这个地方就是传说中茶祖孔明亲手植茶的所在，茶王树仙逝之后留下了一个深坑，其中重又长出的一棵茶树，被认为是茶王树遗株，树前摆放有青石雕凿的香炉。旁边立有两块石碑，一方是2004年所立“茶祖诸葛孔明公植茶遗址”；另一方是2005年所立，铭刻的是“祭茶祖孔明公文”。近年来公祭茶祖孔明成为当地的一大民俗盛典活动，茶祖地更是作为祭祀茶祖的香火圣地，引得无数茶友来此寻源拜祖，成为了革登茶山的热门打卡地。

茶祖地遗址

郭龙成先生早在20世纪90年代就同普洱茶结下了缘分，他于2000年辞去工作，次年在景洪开茶店。在他的记忆中，2005年以前做茶都是茶商收茶卖了以后再给钱，可后来开始出现茶商收茶之后就跑路的情况。在2006年普洱茶行情高涨的时候，他就见过有人拿了五万元定金收了三吨茶，说好的随后结账，头天晚上还在一起吃饭喝酒，第二天连人带车就消失了，损失惨重的茶农直到2021年才翻身。从早期开店给大品牌供应毛料，到2008年注册自家的商标龙成号，郭龙成先生不断谋求新出路。回头看当年曾由他供应毛料的厂家，大浪淘沙过后都已经消失不见了。2013年他在新酒房买了二百来亩茶地，之后开始主做古六山普洱茶。经营的收益大都再次投入茶山基地建设，属于龙成号的基地茶园全部加起来已经有数千亩之多。

在郭龙成先生的带领下，我们一起去看新酒房的茶王树。车辆停放在路边一户茶农家院子里，沿着公路对面的一条林荫道往里走，数百米开外就是绿满山川的古茶园。同来的还有郭龙成先生的爱人刘婷女士与他们的小女儿，小丫头面对陡峭的山坡娇俏地连声呼喊，郭龙成先生回过头鼓励她大胆往前走，小丫头停下脚步气鼓鼓地撅起嘴巴表达抗议。还好茶王树就在前方不远处，一行人手脚并用地爬了过去。若非有人带路，断然不会想到新酒房茶王树位于此处，看似距离公路不远，却要走近才能一睹茶王树的风采。

采茶

癸卯年春茶季，再次来到新酒房龙成号革登庄园。

郭龙成先生正好要去古茶园，我们就随同他一道前去。穿过新酒房寨子一户茶农的院落，沿着山坡上陡峭的小路一直往密林深处走，二十多分钟过后，就置身于斑竹箐古茶园中。这片茶园的主人名叫鲁海伸，他媳妇带领着一群工人正在忙着采茶，身手矫捷的女主人爬上高高的茶树采摘鲜叶，反而是一位雇来的中年大叔坦言自己不敢爬上树去采茶。2023 年茶树的开采期比起往年晚了将近一个月，鲜叶的产量也下降了一半，茶农都认为这主要是因为干旱。

穿过寨子往回走的路上，途经新酒房村民小组妇女组长鲁秀红家，这个秀外慧中的农家女不但要照应自家人，还要出面应对村民小组的各种事务。隶属于安乐村委会的新酒房村民小组，总计有 40 户茶农，138 口人，居民主要是彝族、基诺族，还有嫁进来的哈尼族媳妇。乔木茶园的种植面积总计 3000 亩左右，古茶园面积在 620 亩左右，年产干毛茶约 70 吨。

古树晒青毛茶

回到龙成号革登庄园，郭龙成先生开始亲自动手炒茶。从 2005 年开始炒茶，他已经有十几年的炒茶经验了。他将古六山与新六山的炒茶方式进行对比，认为古六山的炒茶方式更注重后期的转化。杀青以青味消失、折梗而不断、呈现淡淡的香味为优，杀青叶越接近本色越好。以他亲眼所见，杀青时间最短的就只有三分钟，最长的则有四十分钟，终究还是要以客户需求为准。早年间揉茶的习惯也不尽相同，新六山以紧条为主，古六山则以抛条为主，如今已经不能用这种方式来区分了。相对晒棚而言，阳光直射晒干的茶色泽更好看，香味也会更好一点。但是这种区分非常细微，只有专业人士才能分辨出来，普通人很难有这种感受。新酒房的古树茶以中叶种为主，叶片色泽看上去更黄，花香和蜜糖香味浓郁。

春节是茶山上一年到头最热闹的时候，应郭龙成先生邀约，大年初一来到新酒房参加节庆活动。新酒房社房前的广场上摆上了酒席，全村的男女老少集体聚餐，宴会从下午一直持续到傍晚。华灯初上，撤去酒席的广场化身为节庆歌舞场地。郭龙成先生兼做主持人，同他搭档的是新酒房村民小组组长陶顺鲁的三女儿陶亚婷。寨子里面的孩子们成了歌舞晚会的主角，轮番上台表

晚会主持郭龙成

演各种节目，他们最拿手的是时下流行的街舞与流行歌曲。身着民族盛装的老人家看着载歌载舞的孩子们，满眼都是藏不住的盈盈笑意。多才多艺的郭龙成先生天生一副好嗓子，他最爱唱的一首歌是《画你》，嘹亮动听的歌声，深情缱绻的歌词，久久回荡在山野间，让人的心也随之沉醉。

观看演出的阿婆

撬头山

革登茶山最为边远的寨子就是撬头山，这个当地人自称濮蛮人的村寨有着谜一样的身世。地处革登茶山与倚邦茶山的交界，撬头山古树茶有着常人难以想象的迷人风格。

癸卯年季春时节，撬头山村民小组组长张建荣大清早就开车来到牛滚塘山脊背上的叶渡山堂，接上我之后就风风火火地驱车往回赶。连通安乐村到倚邦岔路口的这条交通线被称作新发公路，一路途经值蚌、新发、新酒房，然后沿着盘山公路下到半坡，继而再一路向上，山脊背上通往撬头山的岔路口建了个石牌楼式的寨门。门楣上刻着“撬头山”三个大字，下面还有“好茶好酒”四字，左边的立柱上刻着上联“劳力苦劳心苦苦中作乐倒一杯酒来”，右边立柱上刻着下联“为名忙为利忙忙里偷闲喝一壶茶去”。撬头山的寨门在革登地

撬头山寨门合影

界上独一无二，就是放眼整个象明乡四座古茶山，在所有已建的寨门中也独树一帜。这座雄伟的寨门伫立在路口，就这么坦坦荡荡地向来来往往的人们展示心迹。

穿过寨门到撬头山寨子还有 4 公里。撬头山村民小组在行政划分上隶属于象明彝族乡安乐村委会，共有 51 户人家，242 口人，以李、张、陈姓为多，还有钟、尚、杨、叶、田等姓氏人家。绝大多数都是濮蛮人，现如今被划归彝族，娶进来的媳妇有汉族、瑶族等。撬头山有古树茶 300 亩左右，家边三岔箐古茶园的茶树是细叶种，远处臭水片区的茶树是中小叶种。还有乔木茶 3000 多亩，从 2004 年至现在陆续栽种，已经投产的有 2200 多亩。此外，2008 年开始种下的橡胶林地共 200 来亩，尚未有收益；2017 年开始栽种的坚果地共 1700 多亩。撬头山地多田多，300 亩保水田种稻子，120 亩雷响田种苞谷。

撬头山不仅每家每户做茶，而且家家户户酿酒。有苞谷酒，有谷子酒，平装苞谷酒每公斤 50 元，谷子酒每公斤 80 元。整个象明乡，撬头山酒曲最为出名，据说加入了 99 种草药。平均每三公斤粮食酿出一公斤酒，每次酿酒周期最低三个月。

茶季的时候正是山上一年四季当中最热的时候，地处半山坡的撬头山寨子尤显溽热难耐，只有躲在背阴的屋檐下才能稍微感受到一些凉爽。80 后的妇女组长李艳和丈夫杨学松两口子都是本寨人，李艳自 2016 年开始任妇女组长，杨学松任过两届撬头山村民小组组长，现在是村上的护林员。夫妻二人养育了一儿一女，两个孩子都还在象明读初中。家里有茶地，也种有坚果，还种粮食。这几乎是攆头山每家每户茶农的缩影。看得出他们力图扩展自家收益来源，现下最主要靠的是茶叶，种粮食酿酒也一直有收入，未来期望坚果投产后能增收。

当天碰巧有两位在景洪做茶的朋友上山，闻讯来到攆头山小聚，他们买了一点儿茶样准备带回去试一下。其中有位朋友平日里喜欢喝点儿小酒，她只是顺口那么一说，临走的时候，李艳装了一瓶黄泡绿酒让她带回去尝尝。这下可好，顺道来了一趟攆头山，茶也有了，酒也有了，两个人开开心心地开着车走了。

张建荣自 2016 年开始担任攆头山村民小组组长，娶了个大勐龙的布朗族媳妇玉丙叫，80 后的夫妻两人养育了两个孩子，大女儿读初中，小儿子读小学。自 2021 年起，他开始支部书记、组长“一肩挑”，每个职务一个月补助 400 元，每个月共 800 元，半年发一次。自 2013 年开始一直担任村上的护林员，每个月 1000 元。这些补助远远抵不上职任内的各项开支，都是要靠自家的收入往里贴补。好在有茶叶、种粮酿酒的收入作支撑，原本家里的 60 亩橡胶林地已经申请砍了改种坚果，行情好的话，五年以后就有收益了。

作为年轻的 80 后一代茶农，攆头山村民小组组长张建荣与妇女组长李艳都已经担负起了村里的公共事务以及各自的家庭重任，他们期望能为扩大攆头山的知名度出一份力。说起撬头山人的身世，他们也仅仅知道撬头山是象明彝族乡唯一一个濮蛮人村寨，除了身上穿的民族服装的花纹样式不同之外，也没有更为详尽的信息。

80后的张学丽嫁到了象明丰家，她的爷爷张继林曾经做过新发村公所的支书，老人家出生于1938年，整个撬头山就只有他对过去的事情记得比较清楚。年逾八旬的老人家平素里坚持干农活，喝酒，但是不抽烟，更加难能可贵的是识字，这在他同辈人中并不多见。可惜的是老人家最近身体抱恙，几次到撬头山，都没能够见到他。对于想了解更多撬头山历史的我们来说，老人家是最后的希望所在。

时值4月下旬，正值春茶季，张建荣开车，载着李艳、叶从芬和我前往茶地。出了寨门，车辆径直前往倚邦方向，在驶出数公里后，向右拐上了土路，翻过山梁，沿着“之”字形的路迂回驶向山下。沿途都是茶园，其中一片茶地的主人开辟出了一个停车场，堪堪能停下一辆皮卡车。这看上去难免让人大感惊奇。只要略加了解便不难知晓其中的情由，看似广袤的茶山，被划入公益林的土地属于国有，耕地更是不容逾越的红线，所以每一片土地都显得金贵，并非如外来人所想的那样想占多少都可以。皮卡车一路行至沟底，周遭便都是古茶园了。这就是撬头山连片面积最大的臭水片区老鹰窝古茶园了，整个古茶园的面积超过200亩。这里也是连通革登与倚邦之间茶马古道的必经之路，附近的公益林中还保留下了一段茶马古道。

继续沿着土路往前走了一段，然后左转向山坡上爬去。在茶园的深处，正好遇上撬头山的一家茶农。父亲钟林昌，母亲郭云芬，带着女儿钟玉金正忙着采茶。小姑娘长得非常清秀，干起活来手脚麻利。遇有回答不上来的地方，索性回过头去扬声呼唤爸爸。我们循着应答声走上前去，身着迷彩服的中年茶农钟林昌正攀在高高的茶树上采茶。2023 年他们家的这片古茶园，3 月中旬的时候第一次开采，4 月初的时候第二次采摘，当天是 4 月 19 号，正值第三次采摘。由于天气太干了，没有雨水，茶叶发不出来，开采期比起往年更晚一点。钟家这片茶园的面积有二十亩左右，往年春茶一季能采

茶园合影

下来五百公斤鲜叶，2023 年就只有三百公斤左右。相比 2023 年茶山上各个村寨古茶树的减产幅度，这已经算是相当好的情形了。一家三口早上七点半出门来到茶园采茶，一上午的时间，就只采了小半袋鲜叶。张建荣拎起袋子掂了掂重量说：“只有两三公斤。”一家人早上出门的时候就备好了午餐，中午在茶园里简单用餐后接着干活，要一直采到下午六点钟才结束当天的劳作。

叶从芬家在老鹰窝古茶园也有一片茶地，其中还有一棵高大的古茶树堪称翘楚。地接倚邦的臭水片区古茶园，大都属于中小叶种的古茶树，所产茶的风格绝类倚邦茶。每年都有做倚邦茶的商贩来此收购鲜叶，攊头山村民也乐于直接售卖鲜叶，这种收益方式最为稳妥。有些做茶的商家甚至索性将自家倚邦茶基地放在了攊头山。纵使在行政划分上攊头山隶属于革登，也无法改变自然法则主导下的攊头山古树茶近似倚邦茶，这时时提醒人们要对自然抱有敬畏之心。

开车回到新发公路上，我给张建荣提了个小小的建议，可以在古茶园的入口处立上一块大石头，上面刻上“攊头山古茶园”，这样来回经过的客商自然会寻踪而至，顺势打破攊头山古茶园默默无闻的状态。

回到攊头山寨子里，将近傍晚的时候，张建荣开始生火炒茶。不同于许多人家直接出售鲜叶，张建荣力主加工成毛茶再售卖。虽然会承受更大的资金压力和市场变化带来的风险，但他还是认为这是擦亮攊头山古树茶品牌的必要之举，

张建荣炒茶

并且表示："只要经营得当，收益肯定要高过卖鲜叶。"张建荣十八岁的时候就跟着父母学炒茶，当时虽然用专门的平底炒茶锅，但是锅太薄了，茶容易煳。近年伴随物质条件的改善，开始改用斜锅炒茶。斜锅的坡度不尽相同，坡度陡的锅翻炒时更省力，坡度缓的锅鲜叶投放量更多。早前还会砍樱桃树杈做成炒茶工具，而今都已经改为戴手套炒茶。在他看来，那都是经济条件差的产物。古树茶的鲜叶数量稀少，乔木茶的鲜叶数量很大，但只要是客户需要，他都坚持手工炒茶，并坚定地认为手工炒制的茶品质会更好。

杀青叶摊晾之后，开始由李艳、叶从芬接手揉茶，基本程序都是三揉三抖，手法则遵循轻—重—轻的原则。每个寨

手工揉茶

子的茶农都有习惯的做法，攊头山茶农的习惯是将茶揉成中抛条。

揉捻好的茶叶拿去日光房中晾晒，李艳说这是最稳妥的办法。茶季干热的天气，有时会突然狂风肆虐。采茶的时候都提心吊胆，担心被吹落的枯枝砸到。室外晒茶的时候，大风掀翻簸箕也是常有的事儿，日光房晒茶则不会有这方面的隐患。对于日光直晒的茶品质更好的观点，李艳并不认同，她自己对比过后认为并没有多大的区别。

5 月初，与来自各地的友人相约，齐聚攊头山李贵强家中茶叙。李贵强担任过攊头山村民小组会计，担任过安乐村委会主任，如今还担任安乐村委会监督主任。他家的茶室伫

凤凰花树

立在山坡上,举目远眺青山如画。大门外栽种着一棵凤凰花树,满树都是迎着阳光绽放的火红花朵。枝头花开花落,茶树四季常青,奏响永恒的生命旋律,演绎出生生不息的人间故事。

第三章

致敬给予本书支持的倚邦茶人（按姓氏拼音排序）

白向波　蔡明起　曹碧海　曹碧忠　曹发清

曹海平　曹建辉　曹建良　曹开文　曹林山

曹忠平　曹忠伟　陈云杰　代科明　邓国香

段洪彬　甘国梅　高银接　高银平　何建国

何万忠

腊兴其

雷　松

李桂仙

李海波

李坚强

李建坤

李健明

李金龙

李开文

李茂松

李沐东

李棋超

李文安

李亚强

李云心

李志伟

罗　飞

罗珮源

罗潇凌

彭成刚

彭东海

彭劲松

彭俊豪

彭明良

彭秋华

彭顺忠

彭卫平

彭欣蕊

彭雪梅

彭永强

普旺明

任紫明

石丽心

史国荣

宋维良

孙　恬

陶富林

陶国超

陶　冉

滕建明

滕科建

滕生远

涂俊宏

王明明

熊传涛

徐辉棋

徐勤刚

许红丽

杨保才

杨　海

杨明胜

叶丽红

叶四海

张云珍

赵三民

郑泽宽

周建丽

自海林

倚邦茶山风云录

人文地理意义上的倚邦是一座茶山，行政区划意义上的倚邦是一个区域。

康熙三十年（1691）由范承勋、王继文监修，吴自肃、丁炜编纂的《云南通志》“物产”卷“元江府”条下记载：“普耳茶，出普耳山，性温味香，异于他产。”“山川”卷“元江府”条下所载：“莽支山、茶山，二山在城西北普洱界，俱产普茶。”此际的车里宣慰司尚在元江府治下，茶山代指的是一片广阔的区域。

康熙五十三年（1714）章履成《元江府志》“物产”卷载：“普洱茶，出普洱山，性温味香，异于他产。”“山川”卷载：“莽支山、格登山、悠乐山、迤邦山、蛮砖山、驾部山，六山在城西南九百里普洱界，俱产普茶。”普洱茶的出产区域被细分为六大茶山，倚邦位列六大茶山之一。

雍正五年（1727）十一月至雍正六年（1728）六月间，围绕引发改土归流设立普洱府的麻布朋事件，云贵广西总督鄂尔泰与雍正皇帝之间的五份奏折及批复中反复出现“茶山”“六大茶山”“六茶山”的字样，倚邦等山名多次出现，也不乏架布、蛮嵩、慢拱、细腰子等倚邦茶山境内的寨名。更为重要的是鄂尔泰对云南地区重新进行政治方面的统筹规划，其中已经拟定设立倚邦土把总，倚邦就此迎来了全新的历史时期。

雍正七年（1729）由鄂尔泰奉命纂辑，靖道谟总纂，成书于乾隆元年（1736）的《云南通志》载：“（普洱府）茶，产攸乐、革登、倚邦、莽枝、蛮耑、慢撒六茶山，而倚邦、蛮耑者味较胜。”与倚邦政治地位提升并行不悖的是倚邦茶获得了更高的赞誉。

乾隆二年（1737）朝廷敕封曹当斋为“昭信校尉”，标明其身份为茶山倚邦土千总，并敕封其妻叶氏为“安人”。乾隆六年（1741）所立蛮砖会馆功德碑中铭文有“管理茶山军功土部千总曹当斋奉银四两”。乾隆十三年（1748）《恤夷碑》落款为“管理茶山土千总曹当斋统四山头目敬立晓谕”。曹当斋在任职倚邦首任土司期间，一直称他管辖的区域为“茶山”，此后“倚邦”这一称呼不断被凸显出来。

人文地理上的倚邦茶山分布着众多声名显赫的村寨。“驾部”一名始见于康熙《元江府志》，此后屡见于史志记载，地处架布老寨的大庙及石板道印证了其在过往岁月中的辉煌。“慢拱”始见于雍正朝鄂尔泰的奏折中，清季修建茶马古道所立功德碑留存至今，至清朝末年到民国时期，曼拱位列倚邦三山半之一。始见于鄂尔泰奏折的还有“蛮嵩”，连通倚邦主街的石板道名为曼松街，曼桂山至曼松的茶马古道至今保存完好，清朝末期至民国时期，曼松同样位列倚邦三山半之一。“嶍崆”始见于道光《云南通志稿》，锡空老寨遗址观音庙与曼拱老街子观音庙的造像如出一辙，显示出茶山村寨之间紧密的联系与共同的信仰习俗。

行政区划意义上的倚邦在清代极盛时期不仅管辖倚邦、蛮砖、革登与莽枝四大茶山，还兼管勐捧，就连攸乐山在办理贡茶时也要受其节制。倚邦历史上的政治、经济与文化中心就位于现在的倚邦老街。

倚邦老街不仅仅是主街、石屏街与曼松街组成的一个古镇，还曾是一个土司家族统治茶山驻地所在，商人追逐滚滚财源的淘金地，庶民百姓渴求安居乐业的梦想之城。

倚邦主街的尽头曾经伫立着一座土司衙门，是清代车里宣慰司辖区内最为豪华的衙门，如同各级流官衙门的规制一样，它保持着前衙后宅的格局。大堂是倚邦土司办理公务的地方，后宅为土司家人居住生活的空间。衙门前立有不同时期的石碑，清代石碑的碑额上题刻有“永远遵守”的字样，来自云贵总督府、普洱府及思茅厅的行政命令及诉讼案件判决结果被铭刻在石碑上，晓谕官民共同遵守。时至今日，这些碑刻典藏在老街尽头倚邦村委会楼上的倚邦贡茶历史博物馆内，成为见证倚邦历史的珍贵文物。

乾隆二年（1737），倚邦土千总曹当斋捐建书舍以作义学。由普洱府拨付银两，永供束脩。可惜地处瘴乡，无人教读，以致久废。

街道两侧分布各种建筑，其中最为醒目的是各个会馆。来自省外江西、湖广、四川与省内石屏等地的客商纷纷筹资兴建会馆，光绪年间河西石匠普联清为石屏会馆雕刻的一对吉庆石狮子合工价七十五两纹银，足见修建会馆耗资不菲。会馆集祭祀、商贸、娱乐等于一体，节庆期间举办的庙会更是成为热闹非凡的民俗活动。如今，就只有石屏会馆的遗址以及残存的石狮子保留下来，无言地诉说着过往的历史。

倚邦商贸的繁荣发达，离不开茶号的支撑。嘉庆初年，倚邦已有庆昌茶号、瑞祥茶号、盛丰茶号等，嘉庆四年（1799）开设恒盛茶号，嘉庆五年（1800）顺昌号、杨兆兴茶号开张。道光三年（1823）陈利贞茶号开业，同年嶍峨熊盛弘、秦佩信两号迁倚邦。道光二十五年（1845）瘟疫盛行，倚邦恒盛号与倚邦陈利贞号、架布陈慕荣同行各归故里。同治四年（1865），江西籍赵开乾恢复利贞号茶庄，改名为乾利贞号。同治六年（1867），宋寅生于倚邦创建宋寅号茶庄。石屏籍高敬昌、高吉昌于同治七年（1868）创办同昌号。同年宋聘荣于倚邦创立宋聘号茶庄。光绪四年（1878），楚雄籍崔元昌于倚邦创建元昌号茶庄。光绪二十年（1894），宋世尧于倚邦创立宋庆号茶庄。自嘉庆初年至光绪年间，不断有茶号热热闹闹地开张，也有茶号慕名搬迁而来，还有茶号悄然搬迁而去，亦有茶号关张倒闭惨淡收场，倚邦老街见证了茶号兴衰起伏的发展历程。

生前尽享尊崇的倚邦土司，逝后依然备极哀荣。倚邦曹氏土司家族的墓地被称作官坟梁子，倚邦首任土司曹当斋就安葬于此处，墓前的石狮子散落在附近的草丛中。乾隆二年（1737），朝廷敕封曹当斋为“昭信校尉”、其妻叶氏为“安人”。乾隆三十八年（1773），曹当斋过世后，后人为其立有敕封碑，如今屹立在附近不远处近年加盖的亭子里。倚邦第二任土司曹秀的夫人陶太君安葬于大黑山，墓前建造的贞节牌坊构件散落得到处都是。乾隆四十二年（1777）朝廷敕封曹秀夫妇为“奋武郎”和“孺人”，嘉庆二十二年（1817）曹秀夫人陶氏过世后，朝廷为其立有敕封碑以彰其节，如今石碑躺倒在杂草丛中。倚邦第四代土司曹辉业的夫人伍太君安葬于曼拱，墓前曾经竖立有一对石旗杆，被毁后旗杆底部雕凿成了舂盐巴的石臼。现今可见的倚邦曹氏土司家族墓葬几乎都曾遭受破坏，或是仇家蓄意毁坏，或是被人盗掘，人为的损毁与自然的损耗叠加下，只落得满目疮痍的景象。纵是土司家族成员，也并非都有碑石，大多数已无遗迹可寻。

曾经生活在倚邦茶山上的人们，无论是子孙兴旺的望族，抑或是流落异乡的孤客，当他们长眠在这方土地，都没能逃脱命运的摆布，墓葬被毁坏盗掘，碑石构件散落四处。人为的损毁与自然的损耗，割裂了世代的传承，逐渐淹没于历史的长河里。人生无常，世事沧桑，茶山的历史，有时令人不忍卒读。

自道光年间始，六大茶山再次悄然发生了变化。阮元、伊里布监修，王崧、李诚主纂，成书于道光十五年（1835）的《云南通志稿》援引檀萃《滇海虞衡志》云：“普茶，名重于天下……出普洱所属六茶山：一曰攸乐，二曰革登，三曰倚邦，四曰莽枝，五曰蛮耑，六曰慢撒，周八百里，入山作茶者数十万人。茶客收买，运于各处。”又引《思茅厅采访》云：“茶有六山：倚邦、架布、嶍崆、蛮砖、革登、易武。”其中收录的《普洱茶记》一文为阮元之子阮福所作，阮文中已经注意到了六大茶山之名互异。一方面，六大茶山延续了过往的声望；另一方面，倚邦与易武土司地内部，作为承担贡茶与赋税的基本单位，倚邦下辖的茶山调整为倚邦、架布、嶍崆、蛮砖与革登，易武下辖的茶山调整为易武。据道光二十八年（1848）保全碑所记，在遭受瘟疫、火灾的反复打击后，倚邦贡茶、纳钱粮改为从茶叶贸易环节按担抽收银两办理，这实际上是仿照易武的先例，区别在于税率的轻重，易武每担茶纳税银三分，而倚邦每担茶纳税银一两，这与两地缴纳钱粮数额比例基本保持一致。

道光三十年（1850）李熙龄所纂《普洱府志》“土司”卷下清楚地记载：倚邦土把总管理攸乐、莽芝、革登、蛮砖、倚邦茶山，按每年定例承办贡茶；易武土把总管理漫撒茶山，协同倚邦承办贡茶。再次印证了倚邦、易武土司所辖各茶山同时也是承担贡茶的单位。在“山川源委”卷下则指称六大茶山为攸乐、莽枝、革登、蛮砖、倚邦、漫撒（即易武）。

光绪二十六年（1900）陈宗海纂《普洱府志》“地理志”卷下有记：“漫撒山易名易武山。”

种种迹象显示，改土归流设立普洱府后，所设倚邦、易武土司下辖各大茶山，不仅承担贡茶的分派，同时也是缴纳钱粮的赋税单位。乾嘉时期尚可勉力维持，自道光至光绪年间，内部不断调整实际承担税赋的区域。为了完纳贡茶及钱粮，道光年间一度从土地税改为商业税。自道光年间至光绪年间，史志记载的六大茶山，实际分担的贡茶、钱粮的区域与比例始终在进行动态调整。

进入民国以后，外来及本地人相继投身倚邦茶业与文教事业，勉力支撑倚邦商贸文化事业的发展局面。民国 7 年（1918），来自元江的杨朝珍、杨泗珍、杨儒珍三兄弟来到了倚邦街创办了杨聘号，后来在抗战爆发前后回到了家乡。同样在民国 7 年（1918），郑惠民回家乡倚邦兴办教育。民国 15 年（1926），郑惠民创办倚邦惠民号茶庄，并将经商卖茶的收入补贴办学开支的不足。民国 20 年（1931），郑惠民英年早逝，时年三十四岁。约在民国 21 年（1932），向升平创办倚邦升义祥茶号，全面抗战爆发后，升义祥茶庄停业，向升平转而经营百货、土产。民国 33 年（1944），向生平病逝，年仅三十岁。这些茶庄主们的遭际映衬出倚邦在时局动荡下举步维艰的局面，茶山由盛转衰的命运伏笔已经写就。

历史潮流将六大茶山推向舞台的中心，时代的变革使得倚邦、易武失去普洱茶产业枢纽地位。

进入民国以后，史志文献延续了过往的记载，六大茶山保有“山茶”的品质与声誉。普洱茶的生产贸易中心已从倚邦、易武转至佛海。交通方式的变革重塑了普洱茶产业的版图，导致了江内、江外普洱茶产业地位的转换，格局至今未变。

民国 30 年（1941）至民国 32 年（1943）基诺族起义，战火燃及六大茶山，倚邦攻击战中燃烧的熊熊大火将旧日的繁华街道化为灰烬，这耗尽了倚邦最后的元气，倚邦自此陷入了长久的沉寂。

新中国成立以后，曹仲益在其所撰《倚邦茶山的历史传说回忆录》中写道："五大茶山的由来，就是随着贡茶的负担，及茶叶分布面积，划分管理的一种形式。其中即倚邦的：曼松山，曼拱山，曼砖山，牛滚塘半山三山半；易武的易武山，曼腊半山一山半。故为五大茶山。如果加上攸乐一山，即为六大茶山。"可见迟至清末，茶山的贡茶分派实际上已经发生了改变。

蒋铨所作《古"六大茶山"访问记》，约略阐述了文献记载中的六大茶山，详述其在1957年走访古六大茶山所作调研，认为六大茶山是曼洒（曼撒）、易武、曼砖（曼庄）、依邦（迤板）、革登和攸乐。其中还提到架布、习崆当归于倚邦，莽枝实属革登。这种结论显然与历史相悖，但却反映出茶山当时的实际情形。

行政区划几经调整后，现在的倚邦茶山与倚邦村委会辖区基本一致。伴随当代普洱茶的复兴，倚邦以其厚重的历史文化底蕴成为普洱茶友心目中的圣地之一。名遍天下的倚邦古茶山，绝世风韵的倚邦茶，迎来了最为兴盛的时代。

锡空

遗落在山林间的锡空老寨，像是一个未解的谜团，一次次吸引着我们到来。每次点点滴滴的发现，都给人以莫大的惊喜，又促使人们不断去探究它的身世之谜。

壬寅年孟夏月，倚邦河边寨茶农兄弟陈云杰开车载我来到山下的锡空寨子，事先约好的锡空茶农兄弟杨明胜已经在此等候，换乘杨明胜的皮卡车，一道前往锡空老寨。驾车出了锡空寨子，驶入田间道路，跨过一条沿着山谷自老寨奔涌而下的溪流，转上盘山而上的土路，一路穿行在橡胶林间。翻越一座大山，明胜指着路边的橡胶林说："这里就是锡空老寨的遗址。"入目所见是一望无尽的橡胶林，这些都是橡胶投资热的时期栽种下的。锡空老寨搬至山下以后，荒无人烟的老寨迅即成为橡胶林的领地，如今已经完全看不到老寨的痕迹了。我们的目的地是距锡空老寨不远的观音庙。继续沿路下山，逼仄的生产道路仅容一辆车通行，时不时会有接近九十度的拐弯，幸好有跑惯山路的老司机，这些都不在话下。车辆下到谷底后，稳稳地停放在纸厂河边上。眼前是一个山谷间的小坝子，水流清浅的纸厂河对岸，观音庙坐落在一座悬崖的半山腰。

跨过溪流，穿过田间小道，来到观音庙入口处的亭子里。说是一座观音庙，其实并无宏大的建筑物，完全是依照山势开凿而成。"之"字形的石台阶连通上下，还贴心地修建了栏杆。这里实则是一个滴水崖，形如雨伞，就在正轴心位置高高的崖壁上开凿了一个石龛，端坐着一方观音雕像。下方

远眺观音庙

的崖壁上还雕凿有土地公雕像。崖壁前放了一张石桌，桌上有香炉，桌前摆了个拜垫，供善男信女们朝拜。仔细观察，崖壁两侧还残留有过往建筑房屋时留下的墙基，这笃定无疑是地处深山的一座小庙了。

观音雕像

壬寅年孟冬时节，再一次翻山越岭来到了锡空观音庙。这一次开车带我前来的是锡空村民小组组长杨海，他是杨明胜的二哥。此行是为了实地探看观音庙对面崖壁上的石雕，为此杨海做足了准备，随身带来的涮刀派上了用场，砍去纵横交错的藤蔓，崖壁上两个石雕像的真容就显现了出来。其中一个石雕像应该是手执神鞭、身跨老虎坐骑的山神，只是雕凿出来的坐骑面容更似大嘴巴猴。

土地

另一个雕像则是三头六臂、胯下坐骑为牛的大威德明王形象，立即让人联想到了老街子观音庙的石雕，虽然一个是在崖壁上浅浮雕，一个是立体的石雕像，但两者形象完全一致。在象明彝族乡，许多村寨都曾有过观音庙，现在留存下遗址的只有石良子、老街子与锡空老寨三处，每一处都不算完整，都只有残存的文物，将其拼接在一起不难发现，这是一个多元化的信仰图景，曾经广泛流布于茶山各处。现在被视作秘境乐土的茶山，却是先民要面对的危机四伏的凶地。山川、土地、子孙繁衍，每一个信仰对象都隐含着在这片土地上谋求生存的先民内心的渴求。

山神

大威德明王

时隔半年，此番前来，观音庙前多了两方碑刻，一方是锡空观音庙碑记，另一方是重修观音庙功德碑。怀揣对家乡的热爱，为铭记前人的功绩，锡空村民小组组长杨海带领村民及外来茶商集资对观音庙进行了修缮，并立下了这两块碑。

观音庙功德碑

癸卯年仲春，陪同昆明晓德书屋的友人一行再次抵达观音庙。先是带领大家参观崖壁上的石雕，而后来到观音庙。眼尖的徐辉棋老主任指着观音雕像石龛旁一块打磨平整的崖壁说："看，这个地方应该是有字的。"这可真是令人振奋的新发现，只可惜面对高不可攀的崖壁只能望而兴叹。徐辉棋老主任又说："下次我们抬楼梯上来，肯定可以看清楚。"我们希望未来能有更多的发现，或许有助于解开锡空观音庙的谜团。

观音庙旁边就是一片古茶园，路边还有个简易工棚，棚里备置了基本的生活用具。晓德书屋的茶世恩发挥了云南山乡子弟熟稔的技能，拎起铝壶下到河边打来溪水，捡来柴火生火煮水。同来的杨明胜、孙恬夫妻二人起身去茶园现采茶树的鲜叶，拿回来在火上燎了一下，然后就丢进壶里去煮。

煮好的茶直接倒进碗里，茶地的主人留下的碗都带有豁牙，没有一个是囫囵的。徐辉棋老主任抬起茶碗满脸笑容地打趣道：“抬着乞丐的碗，喝着皇帝的茶。”这个形容真是贴切又应景，大家听了无不开怀大笑。

野外饮茶

茶地的主人留心收集了很多过去的老物件，有石臼、石磨等等，无不显示过去人留下的痕迹，更让人对锡空的历史多了一分好奇。

从锡空老寨观音庙归来后，我们爬梳文献，寻找锡空的历史印迹。已知关于锡空最早的记录来自倚邦《恒盛号茶庄手记帐》：道光三年（1823）嶍崆熊盛弘、秦佩信两号迁倚邦。按照合情合理的推断，锡空理应有着更为久远的历史。更加可靠的记载来自道光《云南通志稿》援引的《思茅厅采访》，这是官方为编纂志书派专人实地考察收集的资料，其中记述的六大茶山是倚邦、架布、嶍崆、蛮砖、革登与易武。足以说明彼时锡空的兴旺。此后文献记载的锡空与架布如影随形，就连道光《普洱府志》都将“嶍崆”与“架布”一并误记在攸乐山下。光绪《普洱府志》延续了旧志的记载，并没有更多的记录。进入民国以后，一方面是《车里》等志书延续了六大茶山的记载，另一方面则是《镇越县志》所记易武、倚邦五大茶山衰落已极。曾经代任倚邦末代土司的曹仲益于1965年10月所写的《倚邦茶山的历史传说回忆录》中解释了五大茶山的由来：按照贡茶负担以及茶叶分布面积划分，倚邦土司辖下曼松山、曼拱山、曼砖山及牛滚塘半山三山半；易武土司辖下易武山，曼腊半山一山半。倚邦、易武土司地合称五大茶山。加上攸乐山共计六大茶山。从中可以看出，到了清末至民国时期，曾经兴旺发达的锡空已经衰落了。1957年云南省农科院茶科所第一任所长蒋铨考察古六大茶山，后来撰写成《古“六大茶山”访问记》一文。文中记述架布寨产茶仅八百斤，锡空寨产量更少，印证了锡空衰落已极的状况。

锡空曾经孕育出了熊盛弘、秦佩信等茶号，道光年间已经成为倚邦土司地最为兴旺发达的茶山之一，缘何在晚清至民国期间彻底衰落？外部的原因自不必说，交通运输方式的变革导致茶业中心转向澜沧江外的勐海。但即使遭逢乱世，倚邦土司辖下的曼松却逆势崛起。看似清晰的历史脉络走向背后，仍然有着不为人知的因由。

癸卯年春节甫过，茶山上的人们还沉浸在节庆氛围里日日庆祝，与友人相约在锡空村民小组组长杨海家中茶叙。1975年，总计17户人家从山上的锡空老寨搬迁到山下的锡空新寨。几经行政区划调整，现在成了象明彝族乡曼庄村委会锡空村民小组。但在人文地理上，锡空仍然隶属于倚邦茶山。甚至到2021年在象明通往龙谷与倚邦的岔路口竖立倚邦石刻地标的时候，还有锡空人不解地发问："这是不要我们了？"架布和锡空像是患难与共的兄弟，荣光的时候在一起，就连落魄了以后搬到山下也是在一起。至少锡空人是幸运的，先辈修建的观音庙还在，栽种下的古茶树长青，承继了前人留给子孙的福荫，留得住乡愁。

现今锡空村民小组常住户70户，共250多口人，加上户在人不在的，户籍人口近300人。多数是彝族，鲁姓最多，还有杨、白、胡、李、叶等姓氏人家。古茶园面积400多亩，分布在锡空老寨、团山、火烧茶园等片区。新栽的乔木茶园面积有2000多亩，茶树大多已经有十多年树龄了。橡胶林地面积上万亩，出租给外来企业3000多亩，合同期限30年，收益归集体所有。属于村民的还有6000多亩，大多是2008年栽种，但由于经济效益低下，几乎没人割胶。稻田有200亩左右，临近水源的种了150亩，稻子收割后，再种苞谷或蔬菜。为了开发锡空老寨的自然资源，杨海专门投资建设了一座矿泉水厂，引来老寨水源，生产出了贡茶山泉。

癸卯年孟夏时节，象明商会会长卫成新先生驱车载着仓才惠女士与我一道奔赴锡空观音庙古茶园。这次终于见到了古茶园的主人叶文兵，茶地边上的工棚就是他家的。受惠于先辈的福荫，观音庙古茶园成了锡空最炙手可热的小微产区。我们一行到达茶园的时候，叶文兵正在采茶，见面打过招呼后，他暂时停下手中的活计，邀我们到工棚喝杯茶。叶文兵很有心，专门准备了泡茶器具，泡给我们喝的就是当下所在地块的古树茶。或许是身处山林间的缘故，整个人的身心都非常放松。头顶是湛蓝的天空，举目四望青山如画，眼前清溪流水潺潺，耳畔空山鸟鸣声声，时有微风拂过，啜一口茶汤，深长的山野气韵扑面而来，连心也仿佛随之沉醉。有那么一刻让人觉得，这浮生半日闲，抵却十年尘梦。

采茶

当天傍晚时分，我们如约来到锡空叶文兵家中。他们夫妻两人正忙着将当天采回来的鲜叶炒制出来，叶文兵负责烧火，炒茶交由他媳妇胡志琼，夫妻搭档炒茶在茶山上是最为常见的场景。叶文兵是竜得叶姓土司的后裔，没有了家谱，他也只是听到过一些口口相传的家族往事。叶文兵说："叶家老是生姑娘，总是跟倚邦曹家、滕家结亲，最多超不过三代就结一次亲。"这其实不难理解，过去的人活动范围有限，再讲究一点儿门第的话，联姻对象选择面更小。掌控倚邦土司地的曹姓，或者是作为大地主的滕姓，都是与叶姓般配的大户。钟情传统文化且热心公益事业的仓才惠女士参与捐资修复观音庙，尤其对观音庙古树茶情有独钟，出资购买了一些茶带回昆明分享给喜欢的朋友。茶能够打动人心，有的是因为品质风格，有的是因为文化底蕴，或许还有的是因为其中蕴含的情愫。

壬寅年中秋时节，到访锡空寨子，此行是专门去拜会马锅头杨丁章先生。杨家祖籍红河，祖辈务农、赶马。1983 年，杨丁章从红河赶马来到茶山，娶的妻子李兰仙是锡空人，就此落脚茶山。夫妻两人生养了三个儿子，大儿子杨张桥，二儿子杨海，三儿子杨明胜，如今三个儿子都已经成家立业。

马锅头杨丁章

杨丁章身上最具传奇色彩的标签就是马锅头，在许多人心目中这是早就消失的职业。而今大家耳熟能详的“茶马古道”，虽有着久远的历史，但实际上却是 1990 年才由云南学人木霁弘、李旭等六人提出的新概念，古道借此迸发出文化活力。行走在茶马古道上的马帮和马锅头从此成了一种不失浪漫的文化意象。

在 20 世纪 80 年代，杨丁章的谋生手段就是赶马，从乡下驮运粮食交给象明粮管所，给供销社驮运日用品到乡下代售点，又把茶叶等农副产品驮回给供销社。每百斤运费在一块五至七块六，到牛滚塘是两块六，到倚邦街是三块三，路程最远的董家寨、茨菇塘都是七块六。在他的记忆里，那个年代供销社收购茶叶一块多一公斤，收得很少。20 世纪 90 年代收到三四块一公斤。到 2000 年，六块多一公斤。后来中国台湾地区、韩国的老板来收茶，收购价是三十块一公斤，茶好的五十块一公斤。

2005 年，杨丁章参加了云南普洱茶文化北京行，也就是马帮进京活动。说到兴起，他起身去拿过来一个笔记本，这个被他视若珍宝的记事本，记录了他赶马进京的沿途见闻。虽然只有小学学历，他还是用文字认真书写下他这段最金贵的记忆。这一路不仅有酸甜苦辣，更有生离死别。语句虽很平常，但却真挚感人。活动在到达北京后达到了高潮，那也是作为马锅头的杨丁章一生中倍感荣耀的高光时刻。组委会颁发给他的铜牌他一直悉心保留着。

马帮进京活动结束后，普洱茶随即迎来了一波大涨的行情，茶叶价格涨到了四百至五百块一公斤，2007 年又回落至二百多块一公斤。杨丁章的命运也随之经历了起伏波折。如今往事都已经随风而逝，日渐为世人瞩目的茶马古道成为旅游观光的热点，曾经络绎于途的马帮的身影消失在历史长河里。在马锅头的亲口讲述中，那一段真实的历史得以再现，那是属于茶马古道的不朽传奇。

架布

壬寅年腊月，约同倚邦村委会老主任徐辉棋，大河边村民小组组长叶成明、村民毛俊雄一道前往架布老寨。在象明乡通往倚邦村公路的半道上，有一个不起眼的岔路口，如果不是因为刚好处于一个几乎九十度的转弯，时不时会有刹不住的车辆翻下山坡，几乎不会有人注意到这条小路，而在路的前方就是架布老寨。

此行由叶成明、毛俊雄两人充任向导，几经土地调整，架布老寨方圆左近已经划成了国有林，一路穿行在森林中，脚下是厚厚的落叶，头顶是透过枝叶间隙洒下的斑驳阳光。

大约两公里过后，我们就抵达了架布老寨的遗址。虽说早有心理准备，但还是被眼前的一幕震惊到了。或许是处于国有林中，得益于严格的管护，架布老寨保存得相当完好。茶马古道穿过寨子，上通倚邦，下达锡空。寨心石板道两侧散落着巨大的柱础、青砖，还有高高竖立的拴马石，不难想象这曾经是一个何等兴旺发达的古老村寨。距离寨心不远处，还有一处大庙的遗址，近年来不忍心看到文物就

架布大庙遗址考察

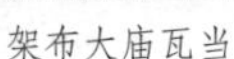

架布大庙瓦当

架布大庙铜磬

此湮没无闻的大河边村民，集体组织起来对大庙的遗址进行了清理。站到遗址前面，可以清晰地看出大庙的轮廓。这是个三进三出的院落，大门口的石台阶以及通往二进院、三进院的石台阶都保存完好，就连墙基都历历可见。村民将散落的青砖、瓦当收拢在一起，其中最叫人惊讶的莫过于屋脊兽，为我们行走过的六大茶山各个村寨中所仅见。由此不难设想，当年这是座多么巍峨壮观的庙宇。叶成明捡到了一块铜磬残片，上面残留有“行宫”“仲冬”四字铭文。不难推测，这里就是在架布的客商以及当地百姓共同集资修筑的“关圣行宫”，俗称

架布大庙遗址

关帝庙，至于是哪里的人所为，找不到修庙功德碑的情况下很难知晓。但足以印证架布老寨的古老历史以及商贸兴旺的图景。

返回时，叶成明扛了一块从架布老寨街心捡回来的大青砖，说是要捐给倚邦贡茶历史博物馆作为展品。扛着足有十几斤重的大青砖，一路上坡走回公路边上的时候，叶成明已经大汗淋漓，但他仍然非常高兴，而且期盼能够知晓更多架布的历史。带着大家的殷殷期望，我们爬梳整理典籍文献，开启了寻找架布历史印迹的征途。

架布一开始是作为六大茶山之一被载入史籍的。康熙五十三年（1714）《元江府志》山川卷下记载："莽支山、格登山、悠乐山、迤邦山、蛮砖山、驾部山，六山在城西南九百里普洱界，俱产普茶。"此际的车里宣慰司尚在元江府治下，六大茶山已经进入了清廷的视野。

改土归流设立普洱府是决定六大茶山命运轨迹的重大历史事件。雍正五年（1727）十一月至雍正六年（1728）六月之间，云贵总督鄂尔泰向雍正皇帝进呈了五份奏折，其中反复出现"六大茶山""六茶山"字样，倚邦等山名多次出现，架布的名字一再出现。

雍正七年（1729）由鄂尔泰奉命纂辑，靖道谟总纂，成书于乾隆元年（1736）的《云南通志》记载："（普洱府）茶，产攸乐、革登、倚邦、莽枝、蛮耑、慢撒六茶山，而倚邦、蛮耑者味较胜。"这就是后世公认的六大茶山，在这份名单中，架布让位于慢撒，退出六大茶山的行列。这并不难理解，改土归流设立普洱府后，新设立的倚邦曹姓土司管理倚邦、蛮砖、革登、莽枝四大茶山，新设立的易武伍姓土司管理慢撒茶山，攸乐山归橄榄坝土司管辖，明显带有通盘政治规划的考量。

阮元、伊里布监修，王崧、李诚主纂，成书于道光十五年（1835）的《云南通志》援引《思茅厅采访》云："茶有六山：倚邦、架布、嶍崆、蛮砖、革登、易武。"其中收录的《普洱茶记》一文为阮元之子阮福所作，阮文中已经注意到了六大茶山之名互异。《思茅厅采访》是官方为编纂志书派专人实地考察收集的资料。由于受战乱、灾荒、瘟疫等天灾人祸的影响，倚邦土司辖下的各个山头因茶兴衰起伏，正是现实的写照。

道光三十年（1850）李熙龄纂《普洱府志》"土司"卷下所记："倚邦土把总在普洱府边外，系思茅厅东南，境内距城六站地，管理各茶山。一攸乐茶山，在府南七百零五里，内分架布、嶍崆两山。一莽芝茶山，在府南四百八十里。一革登茶山，在府南四百八十五里。一蛮砖茶山，在府南三百六十里。一倚邦茶山，在府南三百四十里。按每年定例承办贡茶，见'物产·茶'内。"将攸乐山分为架布山、嶍崆山明显是一种误记，放在倚邦条下更合乎情理。至少说明，在道光年间架布非常兴旺发达。

光绪二十六年（1900）陈宗海纂《普洱府志》延续了前

述省志、府志对六大茶山的记载,着重强调漫撒山易名易武山。

民国《车里》记载，车里（十二版纳）茶叶出产地为江南方面的倚邦、易武、漫撒、蛮砖、莽芝、革登、蛮松、攸乐等处，江外方面为猛海、南糯、猛松、猛遮、猛混等处。

民国《镇越县志》记载:“……连同倚邦在内，昔年称五大茶山……茶园荒芜，茶叶衰颓，较诸往昔一落千丈，每年产额仅千担而已。”

民国方志的记载延续了传统上六大茶山的划分，但显而易见的是相较于江外茶山的兴起，江内茶山不可避免地衰落了，其内部也发生了变化。

1988 年编印的《版纳文史资料选辑》第四辑中收录了曾经代任倚邦末代土司的曹仲益 1965 年 10 月所写的《倚邦茶山的历史传说回忆录》一文，其中有一段话解释了五大茶山的由来:

五大茶山的由来，就是随着贡茶的负担，及茶叶分布面积，划分管理的一种形式。其中即倚邦的：曼松山，曼拱山，曼砖山，牛滚塘半山三山半；易武的易武山，曼腊半山一山半。故为五大茶山。如果加上攸乐一山，即为六大茶山。

也就是在倚邦土司、易武土司辖区内，茶山的划分已经发生了很大的变化。在同书中收录了云南省农科院茶叶研究所第一任所长蒋铨所写的《古“六大茶山”访问记》一文，文章的内容是蒋铨于 1957 年 11 月 15 日起到 12 月 15 日止，历时一个月对六大茶山所作普查的报告，脱稿于 1980 年 8 月

12日。文中有这样一段话：

架布、习崆位于曼砖、倚邦之间的架布河旁和习崆河旁，均在依邦区第一乡内，架布为依邦一乡第六互助组，仅产茶八百斤，而习崆产茶更少，架布、习崆二处比勐芝还小，显然包括在依邦茶山之内。

回顾架布的历史，关于它的记载最早出现在康熙年间，首次在史志中亮相，就是以六大茶山之一的身份，可以说是出场即巅峰。雍正年间改土归流设立普洱府后，伴随行政区划的调整，架布降低了位次成了倚邦土司下辖的一个山头。直到道光年间，都还保持着兴旺发达的景象。光绪年间的史志除了延续之前的记载，对于当时的状况不着一词。进入民国后，茶业贸易的重心转移到了佛海，六大茶山无可避免地衰落了，就连内部也发生了变化，倚邦土司辖区内，已经看不到关于架布的记录。新中国成立后，蒋铨所做的实地普查，更是记录了架布衰落的状况。伴随当代普洱茶的复兴，六大茶山再度兴旺发达起来，唯独架布像是被世人遗忘了，曾经的辉煌淹没在岁月长河中。

癸卯年春节甫过，约同徐辉棋先生一起到访大河边，再次与大河边村民小组组长叶成明相约茶叙。1954年至1955年，架布老寨先是搬迁到了新址旧菜园，1969年又搬到山下曼庄河边，后来一并将寨名改成了大河边，经由行政区划的几番调整，最终落定为象明彝族乡曼庄村委会大河边村民小组。这真是一段让人唏嘘感叹的历史。架布就这样成为了只存在于史志中的地名，以至于路过大河边时，若非着意提醒，几乎不会有人注意到架布与大河边的承继关系。

大河边村民小组共 48 户、186 口人，户口在人不在的有十多户。从旧菜园搬下来的有 14 家，有叶、白、李、唐、曹、何、黄等姓人家。此后由外地迁来落户，或者来上门的，有毛、丰、周、阮、罗、刘、付姓人家。居民大多是彝族，基诺族只有几个人。2003 年，从红河州迁来的苗族后来被安置在象山苗寨。大河边古茶树被划入了国有林，政府和苗寨村民签订了林下共管协议。此后，大河边失去了架布老寨的掌控权。大河边除了橡胶林就是茶叶地，最早从 20 世纪 80 年代开始试种茶树，90 年代种了一些。2005 年，当地政府鼓励种茶，2010 年以后，伴随普洱茶市场热度上升就种得更多了，现下凡是能种的地都种完了。靠近曼松方向栽种的乔木茶价格最高，靠近倚邦方向栽种的乔木茶价格也比较好，家边栽种的乔木茶价格最便宜。

壬寅年孟夏时节，象明商会会长卫成新先生开车载着我到大河边接上叶成明，一道前往架布探访古茶园。驱车奔向倚邦方向，还不到倚邦岔路口，路边就出现了一个蓝色标牌，上书“架布老寨古茶园”，我们右转上了土路，先是下到谷底，过了一座小桥，继续爬上山顶，右转沿着山脊直抵车辆能到达的路尽头，停好车辆，接下来就要靠步行了。一路沿着山坳里的小路步行，隔着深深的沟壑，对面山头上茂密树林下就是架布老寨遗址。

半山腰的一片古茶园中，搭建了一个简易的工棚，置备了简易的生活用具，每年茶季的高峰期，茶地的主人都是在这里度过的。采茶的苗族小夫妻带着蹒跚学步的宝宝来到茶园，孩子就在父母跟前玩耍。茶园处在极为陡峭的山坡上，或许正是因为这样的地势属实不适合种庄稼，古茶树才侥幸逃过一劫。悬崖边上，有一棵十多米高的古茶树，叶成明爬上了茶树，枝叶摇动，更加显得惊心动魄。回转工棚，遇上了茶地的主人陶生。我们闲聊了几句家常，眼见都没有生火的迹象，想讨上口热水喝亦是折腾，于是开始往回走。天气炎热，一路上坡，不一会儿工夫，每个人都大汗淋漓。卫成新先生索性脱下外套，光着膀子往前走。当我们驱车往回走的时候，打开车窗惬意地吹着山风，感叹还是现代生活更美好。

架布茶王树

傍晚时分，我们再次来到大河边。卫成新先生的茶厂与大河边只隔着一条小河，看似近在咫尺，开车过来却要绕一大圈。盖因缺了一座桥，进出象明只有街心一条路，每逢周末家长接送孩子都会上演拥堵的一幕。要是能够再架一座桥，象明也就有了外环路，能够极大缓解拥堵的状况。

我们来到的茶农叶永红家的初制所就位于河边，简易的彩钢瓦房根本架不住夏日毒辣的太阳，人在蒸笼般的室内根本就待不住。即使如此炎热的天气，还要生火炒茶，茶农为了生计，默默承受着严酷天气的考验，只有额头止不住流淌的汗水见证了这辛勤劳作的一幕。天气炎热，蚊虫也多了起来，没多大工夫，同来的仓才惠大姐就被蚊虫叮咬了好几个大包。酷热的天气，蚊虫的叮咬，年复一年的劳作，岁月就这样无声地划过。又有多少人能够知晓，从茶园到茶杯，背后蕴藏了多少酸甜苦辣。茶的背后，是平凡世界里芸芸众生的故事。

炒茶

从山上的架布老寨到山下的大河边，搬得走的是人，搬不动的是山。从爬梳史籍到实地探访，每一座茶山，每一个村寨，都值得被书写，被铭记。

弥补

赴倚邦寻茶的每一天，都是心怀喜悦的好日子。每天迎着朝阳出发，伴着夕阳回家，行走在云上茶山的村村寨寨，不独能够品尝到一村一寨一风味的茶，亦能领略到茶山的风土人情。平凡世界里的芸芸众生，生命中的喜怒哀乐，生活中的点点滴滴，都值得被珍惜与记录，它们共同构成了茶山的真实历史，塑造了茶山的文化风貌。

壬寅年冬月，临近中午时分，茶农兄弟陈云杰驱车载着我赶赴倚邦街。曾经担任过多年倚邦村主任的徐辉棋先生已经在家中等候，我们会合后继续驱车前往弥补。抵达弥补村民小组的社房，打电话联系组长，说是正在与朋友们一起喝酒，正自快活的时候无暇他顾。大山里的茶农，一年到头忙忙碌碌，每年就只有冬天的时候，才可以喝点儿小酒，稍微放松一下疲惫的身心，这是为数不多的休闲方式之一。这些都在情理之中，完全可以理解。我们的习惯是每到一地，都要找人了解一下村寨的情况，组长与会计自然就是最为合适的人选。旁边有人半是叹息半是调侃地说："我们这个组长不昌盛嘛！"大家听了以后，都笑了起来。茶山人最常挂在嘴边的词汇就是"昌盛"，仔细想想，颇堪玩味，"繁荣昌盛"本就是人们渴望的生活。还好联系上了弥补村民小组的会计曹忠平先生，他向我们介绍："弥补是新搬迁出来的，以前是两个寨子，一个是龙谷河，一个是细腰子，2001 年搬到现在的位置。现有 48 户人家，总人数是 170 人。有 800 亩左右的古树茶，乔木生态茶 4000 多亩。古树茶的亩产量在 30 公斤上下，乔木茶的亩产量在40公斤左右。”

已经到了午饭的时间，大家约好餐后一起上大黑山。徐辉棋先生带我们到弥补的茶农滕维兵家做客，等待用餐的光景，主人端过来一盘坚果，说是自家栽种收获的。每家都有自制的器具，用以破开坚果厚实的外壳，球形的洁白果仁味道着实不错。这已经不是第一次在茶农家品尝到了，刹那间百感交集。回顾茶山的历史，茶农的命运随着时代的变迁跌宕起伏。名遍天下的普洱茶，在过往的岁月里，不独是茶农衣食所系的生存保障，亦曾是戴在茶农身上的沉重枷锁。丰衣足食的生活固然有过，困顿窘迫的日子更加常见。大多数普通人家，真正过上相对富足安稳的生活，也不过是最近这些年而已。过往的苦难记忆深入骨髓，这种不安会在有意无意中流露出来。当今天的人们述说起以前农民砍掉茶树，改种粮食作物的时期，无不感叹惋惜，但又有谁设身处地地想过，辛苦栽种采制的茶叶无人问津的日子，这些人是怎么熬过来的？每当听闻一些老人家讲述过去的艰难岁月，不得不砍掉茶树，面对春风吹又生的树根，甚至要放火来烧，只为了栽种的粮食有点收获，能够糊口果腹，这该是怎样的一种心情？面对未知的命运，土里刨食的农民有着朴素的做法，无论是早年栽种的橡胶，抑或是近年来种下的坚果，都只不过是为了谋求生存而已。就只有最近这二十多年间，无论是历经劫难遗留下来的古茶树，还是陆续栽种的小茶树，都给茶农带来了丰厚的回报，承载着他们对未来发展的期望。

午饭过后，我们换乘弥补村民小组会计曹忠平先生的四驱越野车前往大黑山。车辆离开弥补，先是下坡路段，抵达峡谷底部后，再从一座小桥上跨过溪流，途经一段坑洼的土路，再度沿水泥路面爬坡上山，过了一个岔路口，又一次驶上颠簸的土路。询问后获知：连通村寨与大黑山的水泥路，是村民集资修建的。俗话说：金桥银路。纵使现在村民因茶而富，修路仍是一项大工程，不是哪个村民能够独自承担的。

进出大黑山的铁门

再往前行驶不远，一道大铁门拦住去路，颇有点儿像过去的关卡，有着“一夫当关，万夫莫开”的气势。上下大黑山，只此一条车道，别无他途，于是乎就出现了一道大铁门锁住大黑山的奇异景观。密密麻麻的铁锁穿成一串儿，每户茶农，都有自己的锁和钥匙，方便自家进出，只是每次都要找上半天。过了铁门，重又将其锁上。瞬间有种穿越时空，踏入奇异新世界的感觉。曹忠平先生驾驶着车辆，风驰电掣般疾速向前，时而行驶在右侧山坡上，时而行驶在山脊上，时而转入左侧的山坡上，眼前的景观不断地变化，越野车直奔巍峨的山巅而去。

十多公里过后，车辆停靠路边，眼前是一面开阔的山坡，观其地势，形若环抱的太师椅，正是上风上水的所在。远处有一棵大树，树形如伞。我们一起走过去，脚下是丛生的杂草，近年来新栽植的小茶树苗掩映在草丛里，显得葱绿可爱。正值花朵盛放的时节，大树下面遍地都是洁白细密的野花，散发出沁人心脾的芬芳，引得蜜蜂来此翩翩起舞，采蜜授粉。一方雕刻着四个龙头的石碑就躺在草丛中。乾隆四十二年（1777）朝廷敕封倚邦第二任土司曹秀为“奋武郎”，其妻陶氏为“孺人”，嘉庆二十二年（1817）陶氏过世后，后人为其立有敕封碑，正是这方。若无当地人引领，绝少有人知道这个所在。同来的众人一起动手清理，用随身携带的涮刀涮掉四周的杂草，徐

大黑山远眺

乾隆皇帝敕封曹秀夫妇“奋武郎”“孺人”碑

辉棋先生用瓶装纯净水浇在石碑上，石碑上的文字立马清晰可辨，其碑文内容如下：

奉天承运皇帝制曰：爪牙奋勇营屯，资捍御之劳，纶綍施恩部曲，叨宠荣之典。尔云南普洱府思茅厅属倚邦山土把总曹秀，小心尽职，协力奉公，分总师徒，训练常遵纪律，夙娴骑射，驱驰克佐干城。兹以覃恩，封尔为奋武郎，锡之敕命。於戏！溥雨露之洪波，遍沾军吏，奋鼓鼙之壮志，勉效戎行。

制曰：策府疏勋，甄武臣之茂迹；寝门治业，阐贤助之徽音。尔云南普洱府思茅厅属倚邦山土把总曹秀之妻陶氏，毓质名闺，作嫔右族。撷藻采苹，夙彰宜室之风；说礼敦诗，具见同心之雅。兹以覃恩，封尔为孺人。於戏！锡宠章于闺閫，惠问常流，荷嘉奖于丝纶，芳声永邵。

乾隆四十二年五月初二日颁

敕命之宝

敕命碑的内容符合清王朝惯有的规制，辞藻华丽，透露出重要的信息，在乾隆三十八年（1773）曹当斋去世后，按照朝廷的规定，曹秀降至七品土把总成为继任倚邦土司，短短数年之后，曹秀夫妇就获得清廷赏识，获封“奋武郎”与“孺人”。主政倚邦的世袭土司，接连两代获得清廷封典，他们的施政能力可见一斑。

在曹秀过世后，陶氏为夫守节度过了漫长的岁月，当地人笃信陶氏的长寿秘诀是常吃茶泡饭。或许是出于彰显陶氏节妇名誉的目的，在她去世后并没有归葬于被当地人称作官坟梁子的曹氏土司家族墓地，而是埋在了大黑山上。嘉庆二十二年（1817）陶氏过世的时候，已有四个儿子，九个孙子，五个曾孙，足见其子孙兴旺。身为命妇的陶氏受到清廷的旌表，敕建有贞节牌坊。有年长的老人家亲眼见过未遭破坏时的贞节牌坊，那是让人深表赞叹的建筑物。时过境迁，如今举目望去，贞节牌坊的石构件四处散落，一大一小两只憨态可掬的石狮子卧倒在草丛中。当地人传说，当年修建贞节牌坊所用的石材，都是用大象驮运来的。二十世纪八九十年代，路过的大象拉倒了石牌坊，人们猜测是大象有意报复。劫后余存的景象，让人感叹世事无常。

散落在荒草中的石狮子

倚邦民间有种流传已久的说法，称呼曹氏土司家族及其后裔为“官清曹”，盖因其碑刻上所书“曹”字头两笔为一点一横，显得与众不同。其他的曹姓则被称为“坐地曹”，以此来显示二者之间的族源分别。这种称呼非常有趣，细想一下，也别有一番深长的意味。

倚邦曹姓土司统领倚邦、蛮砖、革登与莽枝四座茶山长达二百余年，其后裔中亦不乏官员。可无论是在为他人著作撰写的序文中，抑或是与他人的交谈中，他们都流露出一种对倚邦难以言说的复杂情感。有时人们对于传统文化，既尊崇敬畏，又怀有淡漠疏离感。所以才任由这方敕封碑掩藏在杂草丛中而无人问津，除却从倚邦公路岔入弥补的道路边竖了一个勐腊县级重点文物保护单位的石碑，未见其他的保护举措。

听闻同来大黑山的弥补村民小组会计曹忠平先生是官清曹的后裔，于是向他提出建议：应当把乾隆敕封曹秀夫妇的这方石碑加以保护。自改土归流设立普洱府以后，倚邦历代曹姓土司都肩负清廷所下达的采办普洱贡茶的重任，这方乾隆朝曹秀夫妇敕封碑，同样是见证普洱茶历史的重要文物，不应任其在野外风刮日晒雨淋。这不仅是曹姓后裔的分内之事，也是当地文管部门的职责所在。

大黑山古茶树

巍峨耸峙的大黑山，不独承载有厚重的历史底蕴，亦是得天独厚的倚邦茶小微产区，历来深受普洱茶友们追捧。回顾壬寅年春季，约同倚邦村委会曹建良副主任赴大黑山寻茶，沿着陶氏贞节牌坊遗址附近的“之”字形土路，一路下到峡谷底部，曹建良副主任手持砍刀，一路披荆斩棘，实地查勘大黑山古茶园。历经一段时期的砍伐，大黑山的古茶树数量十分稀少，具体到弥补村民小组的茶农，每户都没有多少棵，故而其身价很高。曹建良副主任带领我们找到了最大的那棵古茶树，一行人开开心心地合影留念。

当我将思绪从过往抽离出来，已经是日头偏西的下午，大家驱车离开大黑山，回到弥补寨子里。茶农滕维兵已经在家中的茶室等候，身价腾贵的大黑山古树茶，许多人只闻其名，并不容易品尝到。滕维兵用质朴的语言讲述大黑山古树茶的奥秘：“大黑山海拔更高，生态环境更好，比家边的古树茶香气更浓，甜度更好，也更加耐泡。”看似平淡无奇的语句，却蕴含着代代传承的智慧，是茶农们多年制茶经验的结晶。

广袤的倚邦茶山，似大黑山出产的古树茶，有着独特的风韵。唯有深谙倚邦茶精髓的人们，才能从中品出自然赋予的曼妙风韵，领悟到厚重的人文底蕴。你听，那远山在无声地呼唤，等候爱茶人的到来。

麻栗树

近年来倚邦太上皇古茶树以其高昂的身价引发世人的关注，象明彝族乡倚邦村委会麻栗树村民小组由此进入人们的视野。麻栗树村民集资兴建了一个仿古式寨门，就伫立在进出麻栗树村民小组的路口，迎接八方宾客的到来。

麻栗树村民小组寨门旁边有一个“天下倚邦茶庄园”，庄园主人滕科建还在后院建起了农家乐，每逢茶季宾朋满座，给上山的客商提供了极大的方便。穿过寨门往里走，半路的山脊背上有一小块平台，麻栗树村民小组的社房就建在那里。麻栗树村民小组有常住人家 45 户，总共 207 口人。古茶园占地面积 900 亩左右，每亩干毛茶产量约 35 公斤。已经开采的生态乔木茶园 1200 亩左右，亩产干毛茶约 40 公斤，还有后期栽种的茶树尚未投产。

麻栗树寨门合影

继续往前走就进入了麻栗树寨子，各家各户的民居都建在山脊背上，掩映在茂密的丛林间。寨子里最年长的当属李东培、陈焕兰老两口，他们跟小儿子李云学一起生活。年近八旬的陈焕兰老人虽然不识字，但是爱说爱笑，记得很多当年的事情。她笑言自己丈夫李东培家里弟兄多，可以匀出一个身子来，1963 年从牛滚塘来她家上门。李东培本是基诺族，这是现在人的叫法，老人家们还是习惯叫攸乐族。

在陈焕兰的记忆里，计划经济年代也做茶，茶叶卖给设在倚邦街的茶叶公司收购点，卖掉的茶叶不直接给钱而是由队长、会计套工分，一等茶叶抵五分，二等茶叶抵三分。冬天去捡黄竹掉落的笋叶，扫干净交给茶叶公司。合作社时期每天都要去干劳动，不去不给工分。一口人合不到一身衣服。家养的牲畜吃卖各半，宰杀牲畜每头交三元税。基本口粮按人口分，到五六月份就吃完了，可以到村里打证明去粮管所买余粮，稻谷三分钱一斤。挖山药、苦黄精、梭衣包，差不多要饿死了。

年逾八旬的李东培在1966年做过生产队长，年轻的时候砍柴背去倚邦街卖，换回布匹、米、盐等生活物资。以前各户人家各自挖井，用大竹筒抬水吃，后来为了吃水、通电聚拢在一起。直到路通、电通，茶价贵起来，日子才好过些。两位老人家育有八个子女，含辛茹苦将他们养大成人。担心幺儿子懒，怕他饿着，天天骂他不昌盛。

李东培、陈焕兰老两口的子女中李云心排行老七，皮肤黝黑的他是个身形壮实的中年汉子，脸上总是挂着笑容，讨了邻村弥补的曹丽红作婆娘，生养了一儿一女，大儿子在普洱市读“3+2”职校，小女儿还在上初中。两口子都是勤劳能干的茶农，卖鲜叶、卖毛茶，近年新盖了仿古式的楼房，日子过得红红火火。

茶闲时节，遇上节假日，李云心就会带着家人，约上亲朋一起去野炊。这个时候四轮摩托车就派上了用场，带上炊具调料，车斗里放上圆凳，满载着一车人就出发了。野炊地点通常选在山谷的溪畔，从河里捞来小螃蟹，从林间采来野菜，就地选取食材。捡来枯枝生火，砍来竹筒抬水，采来茶叶现烤现煮，就连盛放食物用的都是现砍来的芭蕉叶。席地而坐，身旁水流潺潺，眼前树影婆娑，耳畔鸟鸣婉转。新鲜的食材，简单地烹煮，喝一口竹筒茶，吃一口食物，平淡的生活也就有滋有味。

李云心家房后就是倚邦太上皇古茶树的主人家，腊家三兄弟的父亲腊建新 2017 年遭逢意外过世，老大腊罗坚，老二腊罗浩，老三腊罗飞比邻而居，三兄弟居住的还是以前的老房子。腊罗坚有一儿一女，都还在上小学。腊罗飞有两个儿子，还不到上幼儿园的年龄。孩子们只要聚在一起，就满院飞奔着嬉戏玩耍，天真的孩子们尚且不懂得成人世界里生活的难处。

约上腊罗坚、腊罗飞两兄弟，一起步行沿寨子水泥路往前走，从一棵大树旁边的土路岔进去，转过一个弯儿就到了倚邦太上皇古茶园。地处山坳中的这片古茶园，总面积只有十多亩。2018 年，腊家三兄弟将茶园中的一棵大茶树租给了当地茶商，承租期限三年。大茶树继而又被转租给了昆明的一家茶企，从中嗅到商机的茶企借机大肆宣传，通过拍卖等手段将其炒作到了令人瞠目结舌的高价，引发了普洱茶行业内广泛关注与热议。这棵被命名为倚邦太上皇的古茶树声名鹊起，从而成为了倚邦茶山的热门打卡点。比起外界纷纷扰扰的议论，背后的故事似乎无人关注。实际上这棵茶树主家的租金收益并非高不可攀，就连给茶树搭的架子都是主家出资12000元所建。从2022年起，腊家三兄弟又将茶树租给了其他茶商，租期三年，租金一年一付，只租春茶一季，雨水茶、谷花茶不采，留着养树。得益于倚邦太上皇古茶树的显赫声名，这片古茶园中还有六七棵可以单株采制的古茶树身价也水涨船高，整片古茶园也沾了光，茶的价值要高于倚邦古树茶的均价。

倚邦太上皇古茶树合影

倚邦太上皇古茶园中还搭建了一个别致的茶亭，说是有人相中了这片茶园，专门投资建设茶

倚邦太上皇古茶园茶亭

亭作为直播基地。出乎意料的是主播天天打着倚邦的名头，卖的却是来路不明的茶，愤怒的麻栗树村民群起将其赶走了事。

癸卯年季春时节，约同倚邦村委会老主任徐辉棋来到麻栗树村民腊兴其家中，他家位于麻栗树村的高处，居高瞰下，麻栗树村貌尽收眼底。腊兴其家的初制所规范整洁，适合为茶企加工毛茶，这也是他的心愿。遇上酷烈干旱的天气，当天采回的鲜叶就只够炒一锅茶。当年为了学好炒茶的手艺，他到处去给人家帮工，苦练技术。只是说起来雇请的工人，腊兴其叫苦不迭，长期雇工的话，采摘的鲜叶往往不讲质量；短期雇工的话，高峰期又找不到人采茶。种茶要靠天吃饭，茶季人为因素却影响很大，其中的利益冲突牵绊，尽显世情百态。

腊兴其炒茶

麻栗树与曼林的滕姓人家同宗同源，滕家的祖上在清代道光年间就来到了倚邦茶山。进入麻栗树寨门，沿路往上一直到倚邦街的整片古茶园，据说都是滕家栽种下的茶树，茶园里有一棵巨大的荔枝树，可与么连寨大荔枝树相媲美。当代普洱茶复兴以后，麻栗树最早做茶的是滕建明。他家紧挨着穿寨而过的水泥路，院子非常宽敞，还专门建了一栋原汁原味的石屏风格老屋，用来作为招待客人的茶室。在倚邦太上皇古茶树暴得大名以前，滕建明就收过鲜叶。在他的印象中，最好赚钱的时候是茶叶连年涨价的那段时期，但从新冠疫情暴发以后开始不好赚钱。他曾经专门给大茶企做过毛料初制，行情好的那些年，正春时节，院子里每天晒的茶都值几十万元，现在整年下来自家院子里晒的茶总价也没有几十万。自从大茶企停单以后，他每年还是从老百姓家拿几十万元的茶叶倒腾着往外卖。他有个客户，往年都是拿三十万的茶，2023 年这样算那样算，最后只拿了十七万的茶。伴随着市场行情的跌宕起伏，产业链源头的茶农也在经受起落不定的考验。

倚邦的茶向以中小叶种居多，尤以猫耳朵最为有名。每年茶季都有人来到倚邦，想要照着手机里的猫耳朵图片找茶。凡是遇到这样的情形，徐辉棋老主任的回答简单利落：“没有。”倚邦河边寨的茶农小兄弟陈云杰则是笑嘻嘻地回答：“都要这样的茶，那不比金子都贵了？”大自然有着神奇的地方，同样生长在倚邦山上的中小叶种茶树，同一棵树上长出的叶子，有的是圆圆的，有的则是尖尖的，实际上都

倚邦猫耳朵古茶树

是对夹叶。前者被人笃定地认为是最为标准的猫耳朵，后者则被叫作鸡嘴壳，都是备受珍爱的小叶种茶。更多时候，都是混采在一起，也就是最为常见的猫耳朵。

猫耳朵鲜叶

每年茶季都是山上一年中最为炎热的时候，午后时分消暑的最好方式就是待在茶室里。只有在茶山上，才会有最为奢侈的试茶方式，能够比较各种茶的细微差别。猫耳朵茶的香气非常浓，茶性平和，缓慢啜饮，清甜逐渐弥漫唇齿之间。鸡嘴壳则有独特的兰花香味，还有蜜韵味。喜欢浓郁香气的人偏爱猫耳朵，喜欢蜜韵的人更爱鸡嘴壳。但是它们的数量实在是太过稀有，以至于很难形成真正意义上的商品。

年复一年，为了寻味好茶，爱茶的人奔赴茶山。春去春来，总有不世出的好茶，等待那个最懂它的人来品味。这是人与茶的约定，这是对草木之英的赞颂。这是人与人之间高山流水般的情谊，世世代代奏响的美妙旋律。

老街子

过往的十多年间，连年赴倚邦寻源问茶，我们无数次感叹茶山的广袤，同时也燃起了雄心壮志，早就在内心许下愿望，期待能够有一天走遍倚邦茶山的村村寨寨，亲自领略一寨一味的古树茶风韵。

相隔多年，至今我还清晰地记得，我们是在涂俊宏先生的带领下，首次涉足倚邦老街子的。人们总是会为眼前的景象所迷惑，不自觉地以为这一切早就如此。殊不知，最近这些年，茶山上的变化可以用翻天覆地来形容。仅仅在数年前，从象明乡政府驻地大河边往返倚邦，都是一件让久居城市的人们觉得十分遭罪的事。坑洼不平的路面，晴天一身灰，雨天一身泥。山上的食宿尤其难以解决，每次都只能晨起早早地出发上山，当天晚上再下山回到象明街上的招待所住宿。每次往返倚邦，都让人深感疲惫。直到后来结识了涂俊宏先生以后，去倚邦寻茶才渐渐有了美好的感受。涂俊宏先生扎根茶山多年，尤为钟爱倚邦的茶，在距离倚邦老街不远处，建造了一处名为宏庐的茶院。宏庐里着意留了几间客房招待朋友，看起来有些简陋的住所，在当年的我们看来，不啻一处世外桃源。由此，再也不必遭受当天往返的奔波之苦，而是可以白天悠闲惬意地在各个寨子闲逛，晚上安然自在地在宏庐品茶，头顶明月星辰，伴随山风鸟语入眠。涂俊宏先生熟谙倚邦各个村寨，尤为钟爱老街子的古树茶。饶是正逢忙碌的茶季，依然特意抽出时间，带领我们前往老街子寻茶。

在涂俊宏先生的眼中，大自然的秘密都隐藏在一草一木中。经他娓娓道来，眼前的景象也增添了别样的魅力。跟随他的脚步，我们沿着山坡上的小径一路前行，跨过潺潺流淌的小溪，漫步在老街子的古茶园里。不知不觉间，又回到了位于森林深处的初制所。旱季的阳光炽热，工人们正忙着晒茶。涂俊宏先生自然而然地伸手接过一个绑了两个羊角辫儿的小丫头，一面请大家俯身去闻闻毛茶的香味。工人们似乎深受他生活情趣的感染，树枝上挂着的鸟笼里，驯养了几只画眉，声声鸟鸣，婉转悠扬，回荡在山谷林木间。

怀抱小丫头的涂俊宏

此番前来倚邦，时值壬寅年冬月。忙碌的茶季过后，茶山上复归往日的宁静。除了茶园的除草活计外，人们享受着一年中难得的清闲时光。

位于山脊上的老街子，在行政划分上隶属于倚邦村委会老街子村民小组。小组的社房就在路边上，简陋的瓦屋平房，如果不留心的话，几乎不会注意到它的存在。周围都是茶农们的小洋楼，里里外外透露出茶农们生活的富足。老街子村民小组组长彭增红家紧邻着社房，靠着路边建造了新居，却也保留着旧日的老屋。看到我们一行到来，彭增红组长热情地招呼我们坐下喝茶。他还唤来了老街子村民小组的白有兴先生，老先生精神矍铄，浑身上下收拾得干净利落，他做过许多年的草药医生，深得当地老百姓的信赖。更令同村人称羡的是他教子有方，小儿子已经成为主政一方的官员。据彭增红组长介绍：老街子村民小组有 33 户人家，128 口人。拥有古树茶园 890 多亩，乔木生态茶园 1800 多亩。

茶叙期间，我们向白有兴先生咨询，位于老街子入口处茶园里的遗址，原来究竟是个什么庙？白有兴先生推测是观音庙，在过往动荡的岁月里，庙里的雕像遭到了暴力破坏，有的还被推滚到深深的沟壑里了。虽然偶尔会有人提及，想要找回失落的雕像，但是一眼望去，全都是茂密的森林，就不自觉地摇摇头。眼见这并非一件易事，一年年过去，就这么搁置了下来。想起早前在曼拱的经历，也曾担任过村主任的彭群章先生与我们分享了他儿时的一段记忆。那时他们称老街子入口处的那片林地为竜山，20 世纪 40 年代末期的时候，还是孩童的他，跟着长辈参加过一次祭竜。祭祀期间，村寨各个出口用简易的围栏围上，禁止人们进出。那是他记忆中最后一次参加这种活动，对于已年近八旬的老先生来说，那段记忆已遥远又模糊。

亦如现代人对待传统文化的态度一样，既对其抱有仰慕敬畏之心，却又怀有淡漠疏离之意，概因无法究其详情。素日里，老街子村民甚少有人涉足旧日庙宇的遗迹。约同曾经担任过多年倚邦村主任的徐辉棋先生，还有现任倚邦村委会主任彭东海先生，老街子村民小组组长彭增红，德高望重的村民白有兴先生，还有负责拍照的茶农兄弟陈云杰一起去实地考察。从老街子步行出发，走出去没多远，就到了岔路口，进入到茶园里，顺着山坡往上走，几分钟后，众人就来到了遗址。环顾四周，全部都是打理得整整齐齐的茶树。唯有这一片，上有一棵硕大无朋的大青树荫蔽，下面杂草丛生，几乎无处下脚。大家一起动手，花费了一个多小时的时间砍掉杂草灌木，将这片遗址清理了出来。

大威德明王雕像

倘若仔细观察，便不难看出，这里确是一处庙宇建筑遗址。可以看出大殿、天井院、厢房的位置，支撑立柱的柱础石尚在。残存的一段石挡墙前，摆放着曾经遭受过破坏的雕像。最大的一尊雕像，矗立在天井院里，上肢都已经残损，可以看出雕像有多个手臂，大家都猜测是大威德明王的雕像。大家低头寻找，不一会儿工夫，就找到了好多块雕像残肢。最令人意想不到的是，徐辉棋先生从泥土中挖出了一个小巧玲珑的雕像，围观者无不惊叹。

半天的时间转眼间就过去了。遗憾的是没能找到建庙的功德碑，也许还埋在土里，也许被推落山下，究竟是何去向，目前尚未确定，或许未来会有新的发现，能够解开这个谜团。大家都倾向于认为这处遗址曾是观音庙。当地人传说，过去的岁月里，有人曾去庙里求子。同时，这处遗址也包含了过去多元化的民间信仰，残存下来的较小的雕像，看上去接近山神、土地的形象。倚邦众多姓

手捧玲珑小雕像

山神雕像

土地雕像

氏的村民，代代相传说是江西人的后裔。回望过去，不难想象，伴随着移民的到来，他们的信仰与习俗一并被带到了茶山上。看似平凡无奇的遗址，残损的雕像，都是外来移民开发茶山的文化遗产，也是波澜起伏的普洱茶发展历程的实物见证。彭东海主任已经有了初步的打算，要将这里作为民俗文化景观逐步恢复起来，以后来到老街子寻茶的人们，既可以品尝到古树茶的风韵，也可以实地参观，感受文化的变迁。

倚邦众多的村寨中，老街子无疑是幸运的。不独有先辈遗留下的古茶园、观音庙，有口口相传的故事，还有一块珍贵的碑刻。如今这块碑刻就存留在倚邦贡茶历史博物馆内。为了进一步探究老街子的历史，我们一行人离开老街子，驱车前往倚邦村委会驻地，倚邦贡茶历史博物馆就位于倚邦村委会办公楼的二层。曾经担任过多年倚邦村干部的徐辉棋先生，从20世纪90年代初起，就自发守护倚邦文物，如今更是兼任倚邦贡茶历史博物馆馆长。

进到倚邦贡茶历史博物馆里，从老街子抬回来的一块石碑静静地矗立在这里。殊为可惜的是石碑有些残损，为了更好地拍照，云杰搬来一把凳子，站上去调整屋顶的射灯，就在刹那间，让人激动不已的一幕出现了——原本漫漶不清的碑文，在调整后的灯光照射下，居然可以识读出一部分文字了。连忙搬来一个小凳子，坐在石碑前，掏出随身携带的笔和本子，大家一起尽力识读碑文，并将其誊抄了下来。

□尝读诗而至周道如砥，其直如矢，未尝不羡路途之坦平，

茶马古道曼拱段功德碑

实足以便行人也。况当寨中之要，尤为往来之冲，□如慢拱寨，寓高阜，道属崎岖，□角见而忧履步之艰，火朝觌而□□径之□，小□□心畏陂侧，情怀荡平，立愿捐金，同为畚筑，千夫万杵，辛勤严若鸣雷。□石擼泥齐赴，恍如集雨。虽无郑相舆梁，却有张公道路。集众善成一善，千秋盛事，修险道作坦途，百世巨觌，见者鼓□，闻者赞美，其依然王道荡荡、王道平平之二会也。功成告竣，持志首善之事，□□□□□□，望后人之补葺，聊以勒石，谨志不朽。

根据碑文，捐资最多的当属曹奎光，共捐银四十两，官府亦有出资，管理茶山军功部厅曹捐银十两。此外，还有以地方名义捐资的，如克梅、倮得、倮批、慢冈、慢拱等寨子。

现在的老街子，当是过去慢拱的中心，也就是碑文中的慢拱。彭东海主任接话说：“碑文里的慢冈就是现在的曼拱一队、二队和高家队所在的地方。”而倮得、倮批则是竜得土便委下辖的竜得、竜批寨子。据老街子的人说，老街子过去有个桥老甫，后来读成了桥老铺。碑文中提到的克梅寨又是哪里？克梅寨的后面，紧跟着刻的就是老火头。过去在茶山上，本人族寨子的首领名为火头，汉族寨子的首领名为客长。史志中描述茶山五方杂处，实际上就是汉族与少数民族共处的状况。当地少数民族与汉族不断融合，也许正是在这样的过程中，克梅寨的少数民族或许融入了当地的汉族，或许迁往他处谋生，一切都未可知。

联系碑文所记，残缺的碑额题刻的当是“永垂不朽”四个大字，据碑文可知，这是为修建道路所立的功德碑，道路主要路段在慢拱，惠及了慢冈、克梅、倮得、倮批等寨子。修建道路历来是一件大事，时任倚邦曹姓土司，周边村寨，外来的客商与本地人都参与进来。大家有钱的出钱，有力的出力，共同修建道路。工程告竣之后，又请人书写了碑文述其缘由，并将功德芳名勒石为记。然而不可避免地留下了遗憾，除却依稀可辨的文字之外，由于石碑的残损，看不到立碑的时间。

倚邦贡茶历史博物馆的墙壁上，有关于这块石碑来历的介绍。庚子年冬月，在中国科学院西双版纳热带植物园驻倚邦村结对帮扶的驻村第一书记何树平先生与倚邦村委会领导干部成员彭东海、彭成刚、徐辉棋等人的共同努力下，老街子村民白顺友将原存自家的石碑捐给了倚邦贡茶历史博物馆。

在回去的路上，已近傍晚，我们顺道去老街子村民白顺友家喝茶。他刚从自家的茶地涮草回来，据他说，这块碑原本在老街子的一条石板道边上，20 世纪 80 年代的时候，当时在山上找石料很困难，就抬回去作为盖房的屋基。后来在翻修房屋的时候，重又被发掘出来，可惜被挖掘机损坏了一点儿。在驻村第一书记何树平先生劝说下，他将这块石碑捐献给倚邦贡茶历史博物馆。

晒青毛茶汤色

如今，茶马古道勐腊段已经入列全国重点文物保护单位。这块清代遗存下来的功德碑，自然成为修建茶马古道的历史见证。正像老街子的村民所期盼的那样，希望前来倚邦寻茶的人们，能来老街子走走看看，这里不独有品质卓异的古树茶，还有底蕴深厚的茶文化，等待着爱茶人来品味。

河边寨

壬寅年冬月，一日傍晚时分，倚邦茶农兄弟陈云杰开着他的四驱越野车，载着我们回到了河边寨，在距离他家还有数百米的地方，给车子找了个临时停车位。寨子里的道路正在施工，我身上背着相机，两只手都拎着行李，跟在云杰身后，行走在尘土飞扬的施工道路上。云杰突然停下脚步，举起手机，喊我们一起看镜头，然后开开心心地配上旁白："我带了两个干实事的人回来喽！"顺手发了个朋友圈，才又带着我们七拐八绕回到了他家里。

同车来的何树平先生来自中国科学院西双版纳热带植物园，他同时也是单位与倚邦村结对帮扶的驻村第一书记。何树平书记做起事来雷厉风行，河边寨正在硬化的水泥路，就是他牵头督办的实事之一。类似这样的项目，他近年来没少干，在村里赢得了好口碑。

云杰与他哥哥陈云其的宅院相连，现在云其担任着河边队村民小组组长的职务，他与何树平书记对接好工作后，就开始忙着商议修路的各项事宜。云杰的父亲在我到来之前，已经帮忙收拾好了房间。放下行李，略作洗漱，我就熟门熟路地上到房顶的茶室里面，美美地喝上一壶热乎乎的茶，整个人的身心都随之舒展开来。

上半年的时候，我就在云杰家才落成的新居里住了一个多月，这次前来，我们计划着到倚邦村的各个村民小组实地走访，逐一品味倚邦各村寨小微产区的古树茶，搜寻散落在茶山各个角落的文物，解读它们背后的故事。

每天都忙忙碌碌，日子过得充实。时日渐久，越来越能感受到河边寨所处地理位置的好处。天气晴朗的时候，早早地就迎来晨光照耀，傍晚的时候，又能欣赏到落日的余晖。一天的大部分时间里，都沐浴在和煦阳光下，拥有这严冬暖阳的日子，每一天都是好日子。

远眺河边寨

从云杰家房屋的后面顺着一个土坡走上去，就是寨子里的社房。比起近年来家家户户新建的小洋楼，社房显得有些简陋。这里行政区域地名为倚邦村委会河边队村民小组，但是路边的标牌上，却又标着河边寨。两个名字就这么混用，反正也无碍于这里古树茶显赫的名声。

每个村寨里，都会有零星散落的老物件，或者是口口相传的故事与传说，只有安心住下来，才能够寻找到蛛丝马迹。一日，在与云杰的父亲闲聊时，偶然听说同村人家里有老物件。于是立马叫上云杰，扛着拍摄器材，兴冲冲地找上门去。同村的人，大都沾亲带故，表明了来意之后，这家的主人指了指老屋基的柱脚。云杰走上前去，找到了一块布满尘土的石头，中间都深深凹陷了下去，看来被作为磨刀石用了许久。

石头的侧面，雕凿着一个活灵活现的人物形象，所幸还没有被磨损。据主人说，这是孩子从河边捡回来的。拂去石刻表面的尘土，可以看出雕凿的是山神。据说曾经有人想将这个石雕买了去，于是反复叮嘱这家的主人：这个是茶山的文物，可千万不能卖给别人。听闻这家还有一个指路碑，然而反复询问之后，得到的还是否定的答案。就像过往沿途设有指路碑的茶马古道，曾经人欢马叫的一条商道，如今少有人至，在这苍茫的大山中时隐时现，并不曾以全部的面目示人，而是保留着许许多多的秘密，等待着人们不断地去探寻。

山神石雕

数日后，做好了充足的准备，叫上云其、云杰两兄弟和他家叔叔，还有河边队村民小组的会计曹林青等人，一起出发前往小茶园。云杰开着他的越野车载着我，其他人骑着摩托车先行飞奔而去。显见他们已经盘算好了，还可以顺道去拿一些草药。

近年来，云杰没少在我跟前说起小茶园，我其实一直没有太放在心上。只知道这是河边寨的一块小微产区，甚至连名字都无意中给人造成了错觉。只是最近在云杰家里长住，有事没事就拿标有小茶园字样的牛皮纸自封袋里的散茶泡着喝。在半斤装的茶就要见底的时候，我才逐渐感受到这款茶的魅力。初入口时软软糯糯，口感很是清爽，并不觉得有多惊艳。直到后来，慢慢领略到了淡中品至味的感觉。那种清甜感，如山谷里石缝中涌出的泉水，从口腔中滑落喉底，饮罢唇齿生津，留香回甘布满口腔，有着深长的山野气韵。当我把这个感受讲给云杰的时候，他笑嘻嘻地说："一袋茶都被你喝光了，总算是感受到小茶园的茶有多好了。"说实话，相比于倚邦茶山各村寨的小微产区，诸如大黑山、大黑树林等处的茶，小茶园的古树茶那种微妙的个性风格，真的是需要静下心，长久地品味，才能领略到那种幽雅的风韵。

越野车驶离河边寨后，沿着山间的生产道路一路疾驰，身后扬起一路烟尘。原本以为距离寨子不会太远，然而眼见越野车一路直奔深山更深处，还是让我吃了一惊。行驶出十多公里后，云其他们已经停下摩托车候在路边。下车后，我上前询问云其："这是哪里？"云其回答说："这就是在小茶园的地界上。"接下来他简单介绍了一下小茶园的基本情况："河边队村民小组共 33 户，107 口人，基本上家家户户都分有小茶园的茶

陈云杰炒茶

地。小茶园的茶地面积有 8000 多亩，但是古树茶的数量比较稀少，总共只有 2000 多棵，散落在各处，每家每户或多或少，都会有一些古茶树。”虽然在来的路上，内心已经有了预期，但这个答复还是颠覆了我的认知。想想也是，地域广袤的茶山，每每当我觉得自己已经有所了解的时候，它又总会出人意料地展现出别样的风貌，大概正因如此，茶山才会引得爱茶人年复一年地前来寻源问茶，长久地沉醉在茶的世界里。

停放好车辆，我们步行前往附近的一片茶园。茶农习惯随身携带着砍刀，边走边随手砍掉恼人的灌木杂草，更要不时挥舞着砍刀拂去横在面前的蜘蛛网。大自然有着惊人的自我修复能力，只要人们稍稍懈怠，它就会迅疾抢回自己的势力范围。为了能够喝上一杯原生态的茶，茶农们不得不亲自动手，或者花钱请人代劳，一次次地用割草机清理茶园。就像是西西弗斯不断推石头上山一般，周而复始地从事着这样的劳作，唯一能够为他们助威的就是附近此起彼伏的割草机的嗡嗡声。就连林间的鸟儿都已经习惯了这种割草机的声响，自顾自地婉转啼鸣，伴着山风汇就成人与自然合奏的交响乐。

路上有时会遇到栅栏，圈护着村民散养在大山里的牛儿。小心翼翼地翻过铁丝网，面前出现了一片茶园。入目所见，古茶树东一棵西一棵，满天星般散落在山林深处。过去在茶业低谷时期，人们为了填饱肚子，不得不砍去茶树改种粮食作物，刀耕火种的生产方式，造成了当下的状况。凡是当地人的口中所称的古茶树，大都是曾经遭遇砍伐后，又从根部一蓬蓬生发出来的，茶蓬很大，走近了可以看出残存的古茶树基部的围径很粗壮。随着普洱茶行情高涨，这些获得新生的茶树，重又成为茶农们珍视的摇钱树。从古茶树上采摘成熟的茶果，通过埋籽育种，重新种植的小茶树苗，已经郁郁葱葱，渲染着山川的色彩。

我从云其的口中得知附近有一棵大茶树，于是央请云其带我去实地查看。云杰有些担心我受过伤的腿脚，经过反复沟通，确认没有大碍后，我们重新驱车上路。为了让我尽量少走一点儿路，一行人驱车足足绕出去了六公里，然后再次下车步行前往。跟着大家的脚步，我气喘吁吁地爬上山脊，一路往前走。云其几次三番用砍刀开路，为的都是避免我去攀爬那些在他看来太过陡峭的山坡，尽量选择平缓的路面，能够让我好走一点儿。在走出去了足足两公里之后，我们总算抵达了目的地。在一片茂密的森林中，正对着我们的是一棵高杆古茶树。这就是云其所说的小茶园的茶树王了。古茶树的旁边，还有一棵零星绽放的樱花树。草丛里有一株植物显得异常妖艳，云杰告诫我："那个是魔芋花，如果肌肤不小心碰上，会痛痒难耐。"我一边惊叹于自然界植物的魔力，一边又唤云杰来拍照，为自己这难得的际遇留下影像记录。亲眼见到了小茶园的茶树王，开开心心留下合影后，我们一步三回头地踏上归途。也许要不了几日，这棵茶树王旁边的樱花就会盛开，那该是一帧多美的画面。返回的路上，我几次三番叫住云杰，让他爬树采撷各种石斛。住在山里时日渐久，

小茶园茶树王合影

就连习性也受到了茶农的影响，总忍不住从森林中带回大自然馈赠的各种奇花异草。

回到路边，我们再次驱车上路，山回路转，又跑出去几公里之后，抵达了此行的最后一站。这个地方被称作万年桥，放眼望去，一个沟箐之上，搭了两块青石板。这一幕不禁让人思绪万千，名为小茶园，却是重峦叠翠的大茶山；唤作万年桥，却是一座如此不起眼的小石桥。两相对照，还真是相映成趣。转念一想，马上就释然了。在这滇南的热带雨林中，一年里旱季雨季循环往复。旱季看似平静的潺潺溪流，进入雨季会变身为山洪湍急的天堑。农耕文明时代，将这茶山与外界连通的，就是眼前的茶马古道，彼时茶农所遭遇的艰辛，现代人绝难想象。万年桥两岸深深的沟壑，就是过往的茶马古道的遗迹。自然界中渺小的人类，正是一代代秉承坚韧不拔的精神，才在这山野中蹚出一条道路，留下了深深的文明烙印。万年桥的旁边，有一方小小的桥神碑。云杰动手清扫石碑周围的落叶，打来溪水荡涤石碑上的尘土。石碑上的字迹立马变得清晰起来，碑额上题刻有“日”“月”和“万年桥”

万年桥

的字样。最右列题字为“皇清二十八年仲春月建造”“祈保清吉，长命富贵。”中间一列刻有“本境桥梁土地有感福德正神位”落款是“信士弟子”。清代雍正七年（1729）设立普洱府，六大茶山所出的普洱成为贡茶。进入乾隆年间，普洱茶名遍天下。嘉庆初年，倚邦已经出现了普洱茶号。我们猜想，眼前这座小小的万年桥，或许是道光年间修建茶马古道时所造。貌似简陋的万年桥与小小的桥神碑，寄托了过往年代人们的信仰与祈愿。眼前的这段道路，在清代连通倚邦与竜得两个土司地，也是已经被列入全国重点文物保护单位的茶马古道勐腊段的一个历史见证。它看上去是如此平凡，正如同过往行走在茶马古道上的商旅，湮没在历史的长河里，却是平凡世界里芸芸众生命运的现实写照。

万年桥桥神碑合影

大半天的光景就这般一晃而过，不觉间已到下午，完成了当天的考察，云杰调转车头，我们先行驱车回寨子里。云其一行人挥了挥手，跨上摩托车，又往深山更深处去了，他们还要去采摘早就物色好的草药，对于生活在大山中的人们来说，只有这样，才算是不辜负来自大自然的慷慨馈赠。

回转到河边寨，用过晚餐，洗漱完毕，已经华灯初上。再次来到云杰家楼顶的茶室，这间别致的茶室，也是念旧的云杰用老屋的建筑材料复建而成。在茶室中静坐，让人有种穿越时空的感觉，过往的历史与当下的生活，就这样连接了起来。

啜饮一口茶汤，走出茶室，抬头仰望天空的繁星点点，举目远眺茶山的万家灯火，让人不由心也为之沉醉。在这平凡世界里的芸芸众生，头顶着日月星辰，沿着人生的道路，迈出坚实的脚步，追寻着梦想，去寻找诗和远方。

曼拱

每当我们回顾过往赴倚邦寻茶的历程，都会忍不住慨叹，那是我们生命中最美好的一段时光。

早前赴倚邦寻茶之初，我们就像是无意中闯入茶山的外来者，对眼前的一切都充满了新奇感，忍不住会将自己的见闻与感受分享给远方的茶友。而后受益于深耕六山的茶企引领，在好友益木堂主王子富先生的带领下，第一次深入到倚邦茶山的曼拱，首次亲眼见到了倚邦山连片的古茶园，亲口品尝到了曼拱的古树茶，那种刹那间让人怦然心动的感受至今记忆犹新。

印象最深刻的是生活中的琐事，好友王子富先生了解我作为少数民族的饮食习惯，生恐我在茶山上饿肚子，肠胃空空痛饮普洱的滋味可不好受。他特意交代相熟的茶农给我煮

俯瞰曼拱

几个鸡蛋，待鸡蛋煮好后，王子富先生看着茶农满脸无奈地笑道："这可咋整？"我们本意是将鸡蛋带壳煮熟了好携带，会错了意的茶农却煮了一锅荷包蛋。只好找了一个塑料袋，拎着一兜子荷包蛋就上路了。每每想起这件事，都觉得画风充满了喜感。直到后来，在倚邦认识了越来越多的茶农朋友们，相互之间的交流渐趋频繁，也越来越了解对方的习惯与秉性，虽说少了这种会错意造成的戏剧性情节，但却对茶山的生活有了更深的理解。那潜藏在日常生活中的细节，让茶山的生活画卷充满了活色生香的气息，平添了动人的色彩。

壬寅冬月，在倚邦河边寨茶农兄弟陈云杰家小住，一天午睡起来，听见院中有人说话，我从阳台上探出半个身子往下看，原来是多年前就相识的曼拱茶农许永健来找陈云其。他抬头笑嘻嘻地看着我说："你这是住在茶山不走了？干脆在这儿找个婆娘安家吧！"我挥挥手，算是跟他打个招呼。乡村生活中，熟人之间，往往会用一些看似出格的玩笑话彼此调侃，并不会有人当真，也不会往心里去。说起来，我们在曼拱最早认识的茶农就是许永健，往年茶季来倚邦，经常去他家喝茶。他们夫妻养育有两个女儿，早年间在他家中，我顺手给两个小姑娘都抓拍过照片。那时，他的大女儿还是个小学生，小女儿尚在蹒跚学步。他特意让我传了照片的原图给他，边看边赞叹："拍得可真好看。"眉眼间，掩盖不住身为父亲的他对自己两个女儿的怜爱之情。一转眼就过去了许多年，现在大女儿应该已长成亭亭玉立的少女，小女儿也应该上小学了吧！

自从壬寅年春季结识曼拱的赵三民先生后，增进了对曼拱的了解。入乡随俗，我也称呼他为赵三叔。赵三叔出身书香门第，父亲赵国传先生是曼腊声名远播的才子，集教书育人、商业经营、悬壶济世、著书立说于一身，创办有新盛利号茶庄，撰写有《易武版纳历史概况》一书。赵三叔的母亲叶焕珍出身破落竜得土司家庭，一生坎坷曲折，是位极富传奇色彩的杰出女性。赵三叔身上富有浪漫气息，年轻的时候，为了追寻爱情，只身离开曼腊到曼拱做了上门女婿。他深受父母的熏陶教育，传承了家族的优良作风，既富有才情，又能力突出，更兼吃苦耐劳。赵三叔笔耕不辍，撰文记录家族的故事，亲笔将其工工整整地誊抄在笔记本上。语言质朴生动，字里行间流露真情。赵三叔珍视自己的人生经历，过往的工作证件、荣誉证书等，全部悉心保存下来，装了满满一抽屉。说起往事，如数家珍，娓娓动听。

新盛利号传人赵三民（中）

壬寅年冬月，再度前往曼拱拜访赵三叔。我们相约在曼拱贡茶文化广场见面，他还叫上了曼拱一组、曼拱二组和高家队的组长，他们的讲述让我对曼拱有了更为深入的了解。等待的时间，我观察了曼拱贡茶文化广场。在这茶山上，能够有这么大面积的开阔场地，而且配套的运动设施、大棚舞台等文娱活动项目软硬件一应俱全，着实让人称羡。就连三个村民小组办公用的社房都建在一起，办公室各自独立，会议室公用。以我在茶山的经历，这是仅见的情形。

曼拱贡茶文化广场合影

应赵三叔的召唤，三个村民小组的领导前后脚来到了曼拱贡茶文化广场。曼拱一组梁国武组长介绍道：“一组现有 25 户，125 口人。古茶园面积 500 亩左右，乔木生态茶园 4000 亩左右。”曼拱二组白向波组长介绍了二组的情况：“曼拱二组有 62 户人家，242 口人。古树茶面积有 1100 亩，乔木生态茶园 2800 亩左右。”高家队的妇女组长梁国梅介绍了高家队的情况：“高家队有 31 户人家，118 口人，古茶园面积在 700~800 亩之间，乔木生态茶园面积 2500 亩左右。”从三位组长处获悉，古树茶亩产量在 25~30 公斤，乔木生态茶的亩产量在 40~50 公斤。古树茶的产量历来不高，实际上，乔木生态茶的亩产量也不高。近年来，人们越发注重保护生态环境，但采取的相应措施影响了茶叶亩产量。所幸茶叶产量降低的同时，品质反而有了提升，未尝不是一件好事。第一次见到三位组长，我不自觉重复了一下梁国武、梁国梅的名字，并且好奇地看了他们一眼。还是赵三叔看出了我的疑惑，笑着说："他们就是亲兄妹。"其实不独他们兄妹，这三个村民小组之间有很深的渊源。担任过多年曼拱村干部的赵三叔为我们讲述了曼拱变迁的历史，详细解释了来龙去脉。新中国成立后，曼拱的行政地名由曼拱村、曼拱二大队、曼拱乡、曼拱村公所，到 2000 年改为曼拱村委会，到 2004 年并入倚邦村委会。合并前的曼拱村委会下辖八个村民小组：曼拱一组、曼拱二组、高家队、老街子、河边队、茨菇塘、乌萨河与笼竹棚。曼拱村并入倚邦村委会后，地理上犬牙交错，血脉上骨肉相连的曼拱一组、曼拱二组与高家队，依然保持了亲密无间的关系。我们身处的曼拱贡茶文化广场，就是在中国科学院西双版纳热带植物园与倚邦结对帮扶过程中，由驻村第一书记何树平先生带领，三个村民小组的干部同心协力，共同筹资建成。三个村民小组虽然分属不同的行政区划，却无碍相互间的协作，无疑是在茶山上树立了一个共同合作谋发展的典范，这在农村基层行政管理中极为可贵，值得大书特书，配得上世人的敬重与赞美。

曼拱贡茶文化广场后面的山坡上就是古茶园，以往没少带人在这片茶园里逛。赵三叔指着眼前一棵枝繁叶茂的大茶树说：“这棵是曼拱最大的古茶树，这片茶地就是我家的。”满满的自豪感与喜悦之情溢于言表。常年行走茶山的过程中，无数次经历过这种情形，先辈们留下的古茶园，至今还在福荫一代代后人。

赵三民夫妇与茶树王

过上了好日子的村民们，在对口帮扶单位——中国科学院西双版纳热带植物园的支持下，筹建起了曼拱民俗文化馆。文化馆位于赵三叔家门口一幢楼房的二层，便就近交由赵三叔掌管。馆内陈列的物品，大都来自村民们的捐赠。看似寻常的物件，包含着极为丰富的信息。曼拱的历史，几乎就是一段外来的汉族移民与本地的少数民族不断交流融合的历程。各种用来狩猎的弓弩与火枪等冷热兵器，是过去当地人近乎原始的游猎生活的见证。各式犁耙等农耕用具，透露出外来汉族移民带来了先进的农耕文明。两种文明形态，都在这片土地上留下了深刻的烙印。展品的重中之重自然是围绕普洱茶产业链的相关展品：村寨周围古茶园的照片、采摘加工普洱茶的工具、连通茶山与外界的茶马古道的相关文物等。近年来，村民们不断地出工出力，将荒废湮没的石板道清理出来，茶马古道曼拱段遗址的柱脚石也被抬回民俗文化馆作为展品。当人们走进曼拱民俗文化馆，亲眼见到馆内的藏品，就能实地领略茶山的民俗风情。

听闻曼拱有个地方叫小庙，同来的茶农兄弟陈云杰来了兴致，赵三叔约上曼拱村老主任彭群章先生，他们换上平日最常穿的迷彩服，脚穿橡胶底儿的绿色帆布鞋，腰里挎着砍刀就出发了。爬上寨子后面的山坡，穿行在林草掩映的小道上，一路往倚邦老街方向走。赵三叔告诉我："这个就是过去曼拱通往倚邦街的老路，翻过前面的山梁，有个地界叫望城坡，可以看到倚邦街。小庙就在我们前方两公里的路边上。"就在快要抵达小庙的时候，面前山坡上的路被倒伏的树木堵死了，不得已只好临时绕行。先下到一个箐沟里，跨过一条溪流，然后手脚并用爬上一面陡坡，再沿着小路走过去不远就到了。置身于浓密的林木间，目光所及，看不见小庙的丝毫遗迹。赵三叔和彭群章先生在路边低头寻觅，口中喃喃自语，在他们的记忆中，这里还遗留有一对不足一米高的石雕神像，当地人称呼其为"爷爷"。然而四下寻找了半天却一无所获，石雕像人间蒸发般失去了踪迹。同行的人不免有些沮丧，默不作声地调转身形按原路返回。身手矫健的彭群章先生走在前面，完全看不出他已经年近八旬，心胸豁达的他突发感叹似的喊了一嗓子：“爷爷跑喽！”一下子逗乐了所有人，原本的遗憾之情，也随之一扫而空。

回到村里，听说彭群章先生家藏有宝贝，大家便顺道去他家中喝茶。彭群章先生家的院子里养了各种花花草草，定睛细看，有几盆多肉的底座竟然是压茶用的石模。但见他面不改色地又拎出来了几个老石模，还搬出了几块雕花的青砖。这些老物件来历不凡，20世纪80年代，他花了800多块钱，买下了倚邦街宋庆号茶庄的房屋建材，拆下来运回曼拱盖房，就这么保留下来。许久不用的老石模，上面布满了灰尘，擦拭干净后，可以清楚地看到过往岁月留下的斑驳痕迹。

压茶石模

临着路边建了个观景茶室，周围摆满了花团锦簇的植物。环坐在茶台周围，冬日阳光透过大玻璃窗洒在身上，让人感觉暖暖的。茶室的墙壁上悬挂了两副楹联的木雕印版，充满艺术性的篆体字，反复印刷使用后残留的印迹，历经岁月流转形成的包浆，无不透露出浓郁的文化气息。

喝茶的光景，彭群章先生为我们讲述了家族的渊源。故事有着一个悲喜交织的开头：清朝时，祖籍江西的彭家老祖挑着担子辗转来到茶山讨生活，适逢一户白姓人家丧子，于是到白家上门，娶了白家的年轻孀妇。双方约定，婚后生育的长子为白家承祧，继生的次子为彭家子嗣。由此，同胞亲兄弟分作两姓，白姓、彭姓在茶山繁衍生息开枝散叶，并留下了彭、白二姓不能结亲的祖训。如今，彭、白二姓的后裔就生活在曼拱、老街子。

祖祖辈辈口口相传的故事，并非镜花水月般虚幻，也会有线索可寻。庚子年冬月，与勐海福元昌掌门人邹东春先生相约入山访茶，途经勐仑的中国科学院热带植物园，于是顺道入园参观，无意中收获了惊喜。在园区内的博物馆中，陈列着一张清朝道光年间预卖茶的立约原件的照片。既往在《版纳文史资料选辑》第四辑中的图片字迹模糊不清，图片说明标注为“道光年间倚邦彭绍祖等头目预卖茶叶的立约”，过去虽曾设法多方寻找却不见其踪，未曾料到就这样出现在自己的眼前。于是用随身携带的单反相机将其拍摄下来，其预卖茶叶的立约内容如下：

立预卖二十七年公费茶，印官曹佐尧统通山头目叶长兴、叶光辉、酆万年、权绍宗、王保柱、彭绍祖、朱嘉祥、冯招得、朱盈、王云等。今因公务急迫，立约卖与抚孤老太太名下公费茶叁拾捌担一支，实受茶价九成银叁佰捌拾伍两整。俟至二十七年，准以是甲公费银抵款，本息一切如数归款，不致欠少分厘。恐口无凭，立此卖约为据。

凭　何允师爷

许明师爷

代字高国表

立卖茶印官曹佐尧统通山头目彭绍祖、王保柱、叶长兴、叶光辉、酆万年、权绍宗、朱嘉祥、冯招得、朱盈、王云全押。

道光二十六年十二月二十四日

当我将这份预卖茶叶立约的照片拿给众人观看时，彭群章先生立马就说："彭绍祖还有个兄弟，他们是我彭家的先祖。"瞬间觉得过往的历史与当下的现实连接起来。

实际上早在雍正五年（1727）十一月至雍正六年（1728）六月间，云贵总督鄂尔泰向雍正皇帝进呈的五件奏折中就反复出现六大茶山及各村寨的名字，其中就有"慢拱"。文献中记载的"慢拱"，距今已有近三百年的历史。改土归流设立普洱府后，曹当斋家族世袭土司职位倚邦，在曹姓土司的麾下，还有通山头目。道光二十六年（1846），彭绍祖已经跻身通山头目之一。宏大的历史叙事下，平凡的芸芸众生构成时代背景的底色。就如同倚邦茶山的曼拱，彭姓人家扎根基层，清代出过通山头目，民国时期出过保长，新中国成立后更是接连出过多任村干部，前有彭群章老主任，后有彭家的女婿赵三民老主任。现任的倚邦村主任彭东海，也是曼拱彭家的后裔。与曼拱彭姓实为同宗同源的老街子白姓后裔，现下也出了主政茶山的地方官员。家族的微观史，亦有着合乎潮流的发展脉络。于是半加戏谑半加感叹地说：“曼拱的历史，有一半都是彭家的故事呀！”大家无不相顾开怀，真是古今多少事，都付笑谈中。

大黑树林是倚邦茶山声名远扬的小微产区之一，就位于曼拱的地界。陈云杰驱车载我前往实地探看，离开曼拱后不久，越野车就驶上了泥泞坎坷的土路，如今这种路况在茶山已经非常少见。距曼拱三公里开外的山坡上，星散分布着几户民居。我们约好的吴进平先生，已经在家中等候。年轻的吴进平先生追求上进，还报名参加西双版纳开放大学的进修班。他也非常有想法，就在大黑树林自家茶地搭建了一个茅草屋茶室，正对着自家茶园里的大黑树林茶树王，专门架起了无线网络，聘请专业团队现场直播。充满自然野趣的茶室别具风格，我们惬意地安坐其间品茶。说起家乡，吴进平先生的自豪感油然而生，他认为倚邦曼拱大黑树林拥有优越的生态环境，远远望去，只见林木不见茶，故而才有了大黑树林的名号。茶树大都未经砍伐，保留了原生形态。茶的滋味香甜细腻，香气淡雅悠长。森林覆盖率高的茶园，茶叶往往有着更为深远的韵味。

说话间，山风拂面，空气中弥漫着淡淡的花香。林间的鸟儿叽叽喳喳，热烈地赞颂自然的恩赐。难道这不就是人们苦苦追寻的普洱的无上风韵吗？

茨菇塘

壬寅年冬月农历大雪节气过后，倏忽之间，茶山上变得寒凉起来。即便在这寒暑不侵的亚热带高山上，物候依然随着节气变化律动。

约好了倚邦村委会徐辉棋老主任同去探访茨菇塘，他早早就开车来到了河边寨陈云杰家里会合。用过了早点，喝了一泡茶，陈云杰开车载着我们出河边寨，过老街子、曼拱，翻越了两座大山，一个多小时后抵达茨菇塘老寨。

徐辉棋先生头天便约好了茨菇塘的村民小组组长石贵平，待我们赶到时，石贵平组长、罗自云会计，还有年轻的茶农兄弟李政，已经在岔路口等着我们。他们提前打探好了路况，准备好了农用四轮车。罗自云会计砍了两根树枝，用绳子将其固定在车厢两侧，绑牢固之后，就成了简易的车座。陈云杰主动当起驾驶员，徐辉棋先生和我分坐在车厢两侧，李政站在中间，三人都用双手抓紧驾驶员背后的挡杆，各就位后发动车辆出发。石贵平组长和罗自云会计骑着摩托车紧随其后。从山梁上沿着“之”字形的土路绕山而下，路两边都是茶农的生态茶园，沿途的一棵棵橄榄树果实缀满枝头。徐辉棋先生告诉我：“这面山坡就叫橄榄坡。”停车的空档，

往返山上山下的四轮摩托车

李政顺便摘了几颗橄榄果，用双手搓了搓，又吹掉夹杂的叶子后递给我。随手丢一颗到嘴里咀嚼，先是铺满口腔的苦涩感，迅即就开始回甘生津，与大叶种的茶有着异曲同工之妙。车开出去半天，还是在半山腰上，从早晨开始，乌压压的云层就压在山巅，让人担心大雨会倏忽而至。车辆行驶的过程中，不时有从路旁大树上垂下的藤蔓，眼疾手快的李政总是第一时间将藤蔓拂开。遇上斜生的树枝横在路上，徐辉棋先生跳下车，从随身的背包里掏出一把小砍刀，上前挥刀将其斩断丢到路旁，所谓的网络拼单砍一刀，怕也是来自日常生活的经验吧！

好半天才下到谷底，一条清溪潺潺流淌，溪畔木头作栅栏，挡住了前行的路，其实是农家为了防止养的牛跑出去而专门制作的。李政下车打开栅栏，陈云杰驱车涉水而过，四轮车在发动机震耳欲聋的嘶吼声中往山上爬去。旱季才挖通的生产道路，仅仅过了一个雨季，丛生的杂草灌木已经遮住了路面，倒伏的大树，滚落的石头，滑落的泥石，动辄将道路阻塞。一行人不得不一次次停下来，一起动手，临时修路。走走停停，手脚并用，不时要开路。多少次眼见着过不去了，又在大家齐心协力下，一次次涉险过关。每遇上糟糕的路段，车辆倾斜幅度大的时候，李政都安慰我们说：“不用怕，不会翻。”徐辉棋先生笑道：“你不说，还不知道，说了更担心了。”

直到中午时分，一行人才艰难地爬到了山梁上，停下来稍作休息。细心的陈云杰在来之前就买了整箱的王老吉，还有饼干和萨其马供大家充饥解渴。从公路边翻越山谷至此，已经超过了十公里的路程，耗时一个多小时。前方因山体滑坡，车辆再也无法通行，完全就要靠两条腿走路了。去的时候，满心火热，加上顺着山梁一路下坡，倒也并不觉得有多累。只是要小心脚下，饶是如此，一个不留神，我脚下打滑，还是狠狠地摔了个屁股蹲儿。更加恼人的是荨麻，虽已格外谨慎小心，还是被它暗戳戳地扎到了，纵使隔着裤子，被刺之后皮肤还是又痛又痒，不时就忍不住要伸手挠上一挠，好在过了半个小时之后，这个痛痒感就消失了。徐辉棋先生笑说："四川人称荨麻为神草，有人野外解手的时候，无意中摘下了荨麻叶子来揩，登时痛痒难耐，大声喊叫：'这个草会咬人的吆，扎得老子屁股火辣辣的痛。'"听得我们都笑出了眼泪，想想都觉得酸爽。

两公里过后，陈云杰叫了一声："到了。"抵近来看，徐辉棋先生已经开始挥动手中的涮刀，披荆斩棘地往前走。一直紧随在我身后的罗自云会计也趋前开路，挥舞手中的涮刀。十多米过后，已依稀可见五省大庙遗址的轮廓。只是丛生的杂草将其围在中间。为了能够一睹遗址真容，大家接力用涮刀将杂草灌木砍倒，直至五省大庙的建筑遗迹展现在众人面前。五省大庙依山势修建，沿着石台阶拾级而上，临路建了一排房子，中间留有过道兼作大门。我们所站的位置就是穿越门洞后的天井院。两侧都建有厢房。正前方是石挡墙，中轴线上建有过道和台阶。挡墙上方两侧各有一个柱脚石，支撑起大殿的屋檐，天井通往大殿的台阶上有一棵大树，将台阶上的石头都包了进去。茨菇塘的村民搭建了一个简易窝棚，将侥幸存留下来的两块功德碑和石雕构件存放其中，使得它们暂且有了个遮风避雨的所在。

竜得五省大庙功德碑

同大家一起趋步向前，弯下腰身，半蹲在功德碑前细看。徐辉棋先生从背包里掏出一瓶纯净水，浇淋在石碑上，然后再用纸巾轻轻擦拭，碑文立马就清晰可辨。其中一块碑额上刻着“流芳百世”四个大字，碑文上有一篇序文：

世袭管理竜得一带地方钱粮事务军功司厅叶为建修庙宇。尝闻积善之家必有余庆，而所贵为善者，莫如广种福田。是故，小寨以来原无庙宇，仰观欲求神灵之有在，将何以居其所乎？所以然者，合境诚心修建五省大庙，则神有在，而人有依矣。然建皇图巩固，虽不敢谓益善多多，是修帝道遐昌，亦能足称心田朗朗，则我境既有庙貌巍峨，而人民岂不沾仰神恩乎？至今善果缘成，刊碑于后，百世以下，尚其鉴哉。因此，是序。

序文之后，罗列着捐资人的姓名与捐款的数额。作为地方主政官员，排在首位的是“竜得印官统三寨头目捐银二封”。而后是五省大庙总领会首丁玉龙、石高才与曹大魁。之后依次按照捐款数额高低铭刻众人的姓名。落款是“咸丰八年孟春月上浣日吉旦立”。

另外一块石碑的碑额所刻的四个大字是“永垂不朽”，碑上所镌刻的也是捐资人的姓名和捐款数目。落款的时间同样是咸丰八年孟春月上浣日吉旦。

统览两块功德碑可知：这座大庙的准确名称就是五省大庙，所在的地方名叫小寨，当时隶属于竜得叶氏土司的地界，是故由其率领五省会首与三寨头目，客商与寨民共襄盛举，建设了五省大庙，并刊碑为记。

身旁的石贵平组长说：“对面的山上，就是倮批大寨、小寨。”应该就是过去史料中记载的竜批大寨和小寨，可以确定这座大庙为竜得土司地竜批小寨五省大庙。

曾经隶属于竜得土司地的竜批大寨、小寨，后来历经行政区划的多番调整，如今被划入茨菇塘的地界，归倚邦村委会管辖。除却两块功德碑外，尚有几块石雕构件，雕凿有人物形象、花鸟图案，虽然看上去线条朴拙，却有灵动的感觉，足见石雕匠人的一片赤诚之心。令人诧异的是石构件上深深的凹陷，罗自云会计看了一眼手中的涮刀解释说：“以前攸乐人在这个地方种地，经常拿它作磨刀石用。”历经近二百年风雨侵袭，能够保存下来已经殊为不易。

考察结束，我们起身往回走，下坡容易上坡难。在这高

竜得五省大庙遗址考察

海拔的大山上，徒步行走，对于当地人来讲，实在是再寻常不过了，而对于我这种久居平原的人并非易事。罗自云会计走在前面，不时用涮刀砍去枝叶，防止我们再度被荨麻这种有毒的咬人草刺到。看着气喘吁吁紧随他们身后的我，罗自云会计说：“你走路还是可以的嘛！”看看别人的气定神闲，对比自己的连呼带喘，我摇摇头，深知自己无法与山里人在走路上相提并论。

终于回到了山梁上的停车场，没过多久，后面的人就跟了上来，陈云杰手里还拿着一丛石斛花，那是他在去时的路上就瞄好的，果然还是带了回来。再度休息的空当，徐辉棋先生抬头就看到了对面一棵大树上的寄生植物，伸手指了指说：“妖怪辫子。”仔细一看，还真的是特别形象。我怂恿陈云杰去拿回来，一旁的罗自云会计三下两下便爬到了树上，颇费了一番力气，才连根拔了下来递给陈云杰。徐辉棋先生说：“茶农家里的花都是这么来的。”难怪家家户户都养了各种各样奇异的植物，原来都是大自然的馈赠。

回程的时候，李政改骑摩托车载着罗自云会计，我和徐辉棋先生坐上陈云杰开的四轮车，我们朝前走，两辆摩托车殿后。下山的途中，再次体验了惊险万状，或许只有我有这种感受。他们都是一副司空见惯的模样，陈云杰开着车，还东张西望。半途中，徐辉棋先生叫停大家，开始采摘路边树上的一种苦果，晚餐就多了一样菜肴。或许是颠簸的时间太长了，好不容易下到谷底，感觉人都要散架了。再次涉水而过，橄榄坡这面的生产道路，日常多有维护，路况明显就好了很多。陈云杰开足马力，车立马颠起来往前跑，还笑着说：“这算是上高速了。”

抵达半坡的时候，我惦念着来时的那棵橄榄树，停下来采果子，带回去给陈云杰的一双儿女。徐辉棋先生提醒说：“前面有一棵树更老，果子更大。”我们便顺路寻了过去，果如徐辉棋先生所说，这棵橄榄树果子个大饱满。“这棵是古树橄榄，更好吃。”听徐辉棋先生这么说，立马唤起了我的好奇心，采了一颗来吃，还真是酸甜可口，让人不禁感叹大自然的神奇。这里不独是古树茶好喝，就连古树橄榄，都更有滋味。

终于回到了公路边，感觉自己有些恍惚，像是做了一场梦。问起徐辉棋先生他们一行人此前步行去五省大庙考察的经历，他说：“摩托车停在河边，后面就一路上去，回来的路上，多少次都是别人在等我，早早地上山，天黑才下来，来回走了八个小时。”我摇摇头说：“换成我，肯定不行。”他又感叹：“别说是你，就是我，现在也走不赢了。”或许，这都是因为内心怀揣着那份对于普洱茶的热爱，以及难以割舍的文化情怀，大家才甘愿长途跋涉于茶山，一路披荆斩棘，不辞辛劳。

换乘陈云杰的越野车，我们离开茨菇塘老寨，奔向前方七公里外的茨菇塘新寨。居然同在山里一样，手机仍然没有信号，问起石贵平组长，说是向通信公司申请了许多次却一直没有下文。这也落得个难得的清静，一天到晚，手机也没

俯瞰茨菇塘

响过，以至于忘了它的存在，看来我们也不是离了手机不行。

茨菇塘新寨一家茶农的品茶室非常别致，茶室临山而建，门外的阳台是看风景的绝佳所在。徐辉棋先生指向对面大山说："那里就是茶马古道出倚邦的磬岭垭口，翻过山去，下到小黑江边就是石磨渡口，过去江就是景洪的勐旺，通往思茅和普洱。"交通变革重塑了茶山的格局，曾经进出倚邦茶山的门户，如今却成了倚邦茶山最边远的寨子。

据石贵平组长介绍，茨菇塘村民小组有42户，人口193人。总共有十多万亩林地，一万余亩生态茶园，森林里还零星散落有古树茶。我们眺望窗外一望无际的大山，不禁深深感慨，这么广袤的热带森林，怎能不孕育出品质独特的好茶？石组长只用一句话就回答了我对茨菇塘茶叶品质的询问："他们都管我们的茶叫小曼松。"说完就低下头去不再言语。

广阔无垠的森林中的五省大庙，无言地诉说着众姓客商的如烟往事。翻山越岭的茶马古道，铭刻了商帮的印迹。默默无闻的山寨，守着风味殊异的茶，等候着远方爱茶人的到来，品味普洱茶的风韵，聆听普洱茶的故事。

茨菇塘高杆晒青毛茶

曼桂山

癸卯年仲夏，茶山进入了雨季，忙碌的茶季已过，开始进入农闲时节，茶农们消夏的方式就是聚在一起喝酒聊天，这是一年当中难得的悠闲时光。

收到乡亲的邀约，倚邦村委会老主任徐辉棋先生开车载着我直奔曼桂山。从倚邦街到曼桂山距离不远，转眼的工夫就到了。今天曼桂山来了客人，杨春家里围坐了一大桌人，热闹得像过节一样。来人是曹孟良先生，他的父亲曹仲益曾经代任倚邦末代土司，曹家与倚邦的渊源世所共知，他们父子两代人与曼桂山渊源深厚。

新中国成立以后，作为民主人士，曹仲益成为了西双版纳的地方干部。1969 年 1 月，曹仲益全家返乡，接受贫下中农再教育。先是回到了倚邦街，曾经作为倚邦土司衙门的曹家宅院，解放以后就交给了政府，此时只剩下了正对着街口的大门，已经无法居住了。当地政府将他们安置到曼桂山。

当年的曼桂山总共只有二十多户人家，住的都是草房子。寨子旁边有个水井箐，引一股山泉水出来，砍一棵大树做成水槽，各家装水抬水都用竹筒，抬水的时候要掌握好平衡，不然会被竹筒里洒出来的水淋湿全身。当时曼桂山人大都罹患甲状腺病变，俗称大脖子病，妇女患病的特别多。找原因，有人推测是因为刺桐树所致，可砍了好几棵大树却无济于事。当地人洗衣服都用苦楝果、灶灰水，用脚搓。当时的人都不穿鞋，既是因为穷，没钱买，也不习惯。有个说法：倮倮不洗脚，上床敲三敲。着装的习俗也有谚语：倮倮不识数，头上缠着三丈布。物质贫乏的年代，有的人家连洗脸的手帕都没有。曹仲益一家人从城里带回了使用洗漱用品的生活习惯。返乡前，曹仲益购买了两个皮箱，两套毛呢中山装，还给妻子李凤仙买了缝纫机，回去后都被没收掉了。衣服分给了贫农，缝纫机归了生产队。1972 年，搞阶级复查，家属有一方是贫下中农，生活物品予以退还，得益于这项政策，李凤仙才领回了自家的缝纫机。

1969 年返乡的时候，曹仲益的大儿子曹孟良小学毕业，二儿子曹继良读三年级，三儿子曹志良准备上一年级，小女儿曹奇萍还在读幼儿园。曹孟良到曼桂山的时候刚刚十三岁，就开始干农活，从砍地、放火烧到犁地、耙地、播撒谷种、拔草、收割、打谷子、舂谷子，至少要经过十多道工序，粮食才能到锅里，能吃上饭可真是不容易。当时山上种的是旱谷，一斗种至少有两担以上的产出，老百姓的愿望是一斗种收到八担以上。对于当时的人来讲，吃饱肚子就是最大的追求。艰难困苦的岁月里，人与人之间的真情尤显珍贵。当时担任生产队会计的徐有安很会织网，去河里捕鱼的时候总带着曹继良，自己的篓子装满，继良的篓子也要装满才会回家。当时的曼桂山人吃肉靠打猎，有次打到了两头野牛，连骨头都不要了，分成了三十三份背回去。第二天有人觉得可惜，还想着去把骨头背回来，被老人家劝阻，主要是担心遇到猛兽。有次为了寻找生产队的牛，人们满山遍野分头去找，当时贫下中农身份的民兵才可以抬枪，成分高的曹孟良只好拿了根棍子壮胆，路上一眼瞅见刚刚路过的老虎留下的粪便，生生惊出了一身冷汗。好在运气不错，最终找回了生产队的牛，赶着牛往回走，翻越山梁的时候，十五的月亮刚好从山上冒出来，他自言一生中再也没有见过像那天晚上看到的那么大那么圆的月亮。

1976年曹孟良的父母回景洪等待落实政策，徐有安妈妈、婆娘帮忙照管曹家留在曼桂山的家禽、家畜。当时曹孟良先后在象明水电站、砖瓦厂工作，每个月三十元工资，给弟弟曹志良六元生活费，每次回曼桂山，好心的有安娘把攒起来的鸡蛋让他带走吃。1979年返城，曹孟良母亲回曼桂山去迁户口，把缝纫机给了李宝秀，煮饭菜用的铜锅给了徐顺康家。迁户口的时候曹家人填写的是本人族，后来勐腊县将本人族归为彝族，景洪县的本人族都归基诺族。曹志良过继给了姑爹刀定国、姑妈曹佩兰，也就随着养父养母归了傣族。

曹孟良返城工作以后，时时记挂着曼桂山的父老乡亲，在后来为曼桂山改善通信设施、修建道路等公共事业上竭尽所能，倚邦村建设办公楼、筹建倚邦贡茶历史博物馆，都得到了他的关怀和鼎力支持。逢年过节的时候，他就会回到倚邦，探望父老乡亲，闲话当年，茶叙情谊。

曼桂山是个香堂人寨子，当年是为了躲避瘟疫举寨迁徙，从曼桂山老寨搬迁到了曼桂山新寨，在行政管辖上属于象明彝族乡倚邦村委会曼桂山村民小组，能歌善舞的香堂人都被归入彝族，历来象明彝族乡都是以香堂人村寨肩负民俗文化宣传的重任。曼桂山村民小组现有 51 户，242 口人，大多数属于彝族，也有嫁进来的傣族、苗族、瑶族、哈尼族媳妇。有杨、自、周、张、罗、李、徐等姓氏人家。古茶树总计有 2700 多株，连片的就只有 2 亩，都是以散株形态分布在各个角落。乔木茶园面积 4200 多亩，这是村民最主要的经济来源。靠近倚邦方向的茶园与倚邦茶的风味相同，靠近曼松方向的茶园则与曼松茶的风味相近。2008 年栽种的橡胶近 300 亩，至今没有开割。2013 年政府扶贫栽种的坚果 200 多亩，稻田 540 亩，干田多水田少，大多数都是雷响田，靠天吃饭。

癸卯年季春时节，与徐辉棋老主任相约探访曼桂山，会同曼桂山村民小组组长自海林与会计杨保才一起去往曼桂山茶园。遭逢酷烈的干旱，眼前的茶园中，茶树看起来都了无生机，杨保才感叹说："再照这么旱下去，茶树怕是要晒死了。"往年曼桂山的乔木茶园 3 月初开采，2023 年则迟至清明过后开采，产量至少下降了一半。

傍晚时分，来到自海林家中，当天两个工人采了半天，仅仅采回了四公斤多鲜叶，刚好就是一锅茶。自海林开始刷锅，他媳妇陈云妹烧火。自海林初中毕业以后就开始跟着父母学炒茶，炒茶用的就是家里炒菜做饭用的平锅，那个时候茶叶也不多，父母教一下，后面自己慢慢摸索。自海林坦言："以前父母也不太会做茶，技术也很不到位，简单教一下，后面条件好了，通过不断学习提高技术。"十多年前开始改用斜锅炒茶，炒茶锅直径一米左右，锅的重量有 80 公斤，锅底厚实利于控制温度。炒茶时锅的温度超过300度，鲜叶的清香味扑鼻而来，戴手套炒茶是为了防止烫伤。通常炒制一锅茶在25至30分钟左右，炒到八九成熟，撇一下茶梗，折而不断，基本上就炒好了。古树茶的香味更浓，乔木茶的香味淡一点。在保证质量的前提下，一天也就是炒十几锅茶，白天热，下午炒五六锅，晚上最多炒七八锅。杀青叶出锅后，略加摊晾，夫妻二人开始揉茶。在自海林看来，媳妇陈云妹揉茶技术比他更好。初制所就在茶园边上，将揉好的茶分成两簸箕拿出去晒干。制茶是茶农必备的生存技能，夫妻二人搭档炒茶、揉茶、晒茶，是茶山生活的日常。

自海林夫妇晒茶

癸卯年春季甫过，约同徐辉棋老主任共赴曼桂山，与自海林、杨保才会合后直奔曼松寨，换乘李健明的越野车前往曼松山上。车辆沿着土路行驶十多公里后，开始下车一路步行，跨过溪流，穿过茶园，穿越丛林，沿途脚下是时隐时现的石板道，这就是连通曼松与曼桂山的茶马古道。越走越远，越发让人惊喜，将近三公里长的石板道，就这样遗落在荒野中无人问津。进入曼桂山地界的丛林中，眼前出现了一段二百米长的石板道，这是头一天自海林与杨保才带领曼桂山村民清理出来的一段茶马古道。沿着山势修造的石板道，还砌出了平缓的台阶。放眼四望，周边并没有石材可用，可见这些铺路的石头都是从远处运来，放在农耕文明时代，完全依赖人工修造的石板道是何等浩大的工程。李健明笑着说：“以往都说曼松茶只能喝没法儿看，这下可算是有的看了。”回程的路上，徐

茶马古道曼桂山段考察

茶马古道曼桂山段

辉棋老主任边走边与他们商议，曼松、曼桂山可以利用农闲时节，组织村民将连通两寨的茶马古道彻底清理出来，这条象明乡境内保存最为完好的一段茶马古道，必将成为茶山上最为闪耀的名片。

脚下是蜿蜒远去的石板道，路两边是苍翠山林，耳畔传来婉转动听的声声鸟鸣，伴着拂面的习习山风，昔日人欢马叫的喧腾景象仿佛再次浮现。穿越时空，沿着茶马古道，人们再次启程，沿途撒下一路欢歌笑语，将这普洱茶从故乡带往远方。

曼松

曼松向以贡茶的显赫声名誉与高昂身价令世人仰视，民间流布的传说又为曼松的身世披上了一层神秘面纱。

癸卯年孟春时节，约同友人同赴曼松，抵达曼松村民小组党支部书记李坚强家中，旋即又开车出了村子，涉水渡过一条小溪，上去一个小坡就进到了李坚强、李健明两兄弟新建的茶厂内。来自开封的张露露有些不解地问道：“为什么没在厂门口的小溪上架一座桥？”李坚强假装无奈地回答说：“我都这么穷了，曼松的其他人比我还穷，哪有钱架桥？”看着满脸懵懂的张露露，大家都忍不住笑了起来。这个回答实在是太过凡尔赛了，谁不知道整个象明彝族乡的村寨，论茶农整体收入水平之高，少有与曼松比肩者。更何况，眼前李坚强、李健明两兄弟新建的这占地面积数十亩的茶厂，两栋壮观的大楼，粗略估算投资，怕是要有上千万元。真正的缘由很简单，修路架桥都属于政府投资的公共事业。

自2010年至今，李坚强历任曼松村民小组会计、组长、党支部书记等职务。2021年9月，李坚强被认定为非物质文化遗产代表性项目古六山普洱贡茶制作技艺西双版纳州级传承人。李坚强、李健明兄弟两人的生意做得风生水起，承接了大企业的毛茶订单，新扩建了厂房，明摆着是要甩开膀子大干一场。

午饭后，我们换乘两辆皮卡车，跟随李坚强实地探访王子山。沿着茶厂门前的土路一路爬坡直奔山上而去，正值旱季，前车驶过荡起长长的灰尘，像是骑着扫把的魔法师扬长而去。苦了后车司机，既不能跟得太紧，否则吃灰都吃不赢，也不能离得太远，沿途有许多岔口，一个不留神就跟丢了。十多公里过后，李坚强示意后车顺路边停下，大家围拢过来，他指着对面大山的山脊背说：“那里就是倚邦老街。”

继续乘车往上走，我们抵达了一家简陋的初制所。顾不得休息，兴致高昂的一行人继续步行去往王子山顶。穿过茶园的路上，李坚强突然停下脚步，挥手让大家来看一棵半人高、筷子般粗细的小茶树，在围观众人注视下，他俯下身去用双手拨开小茶树根部的落叶，基部居然有手臂般粗细。站在这棵茶树旁边，他为大家揭开了曼松古茶树的奥秘。在过往茶叶不值钱的年代，农民为了生计，不惜砍掉古茶树，然后又放火烧，就为了多开垦一些耕地种庄稼，多打点儿粮食填饱肚子。等到当代茶业再度复兴的时候，曼松的古茶园早就荡然无存。所幸古茶树的生命力极其顽强，历经砍伐、火烧等浩劫，又发出新枝。类似这种看起来不起眼的小茶树，实则是古树重生。据不完全统计，在曼松的地界上就有两万多株。只是这种劫后重生的茶树太小了，一棵也采不下来几片鲜叶，所以

曼松古树鲜叶

曼松王子坟考察

曼松古树茶产量极为稀少。

山顶上是个团包，肉眼可见以前曾转圈挖出有深深的沟壑，残存下来的还有半米多深。杂草树木丛生的团包就是传说中的王子坟，传说明清交替之际，一位南明王子流落民间，被曼松人悄悄收留下来。不幸风声走漏，清朝官府派人将其捉拿杀害。埋葬了以后，专门挖了深沟坏其风水。王子坟的名字留了下来，也就有了王子山的名字。李坚强讲起传说来绘声绘色，听故事的人兴味盎然。曼松人深信王子的传说确有其事，一代一代口口相传。难以考证传说的真实性，但它蕴含的历史残酷性却是不言而喻。

曼松王子山古茶树合影

回到初制所，就地拾柴生火，用大铝壶煮的老帕卡，每人痛饮了几碗解渴。

回去的路上，李坚强带领大家顺道去看一棵曼松高杆古茶树。政府挂牌保护的古茶树，有好几棵恰好就在他家的茶园里，据说还上过中央电视台。终于见识到了曼松古茶树，大家开开心心地站在茶树两边合影留念。

回到李坚强家中，瞅见他快八十岁的奶奶正在编筲帚，于是搬了个凳子坐在老人对面。老人家的牙口可真好，尼龙绳都敢用牙咬。忙乎一阵儿手中的活计，老人家拿出烟袋锅抽起了旱烟，还给我讲起了她的身世："我家爹娶了两个，大娘不会生养，小娘就是我家妈，只生了我一个。我家爹不昌盛，抽大烟。罗家从四川来的，到我第六代。"老人家的口述揭示了罗家的来历。

改土归流设立普洱府是决定六大茶山命运转折的重大历史事件。雍正五年（1727）十一月至雍正六年（1728）六月间，云贵总督鄂尔泰进呈雍正皇帝的五份奏折中反复出现"六大茶山""六茶山"，倚邦等山名多次出现，其中寨名就有"蛮嵩"。普洱名山名寨就此已经见于史册。

道光三十年（1850）李熙龄编纂《普洱府志》卷之八"物产"记载："茶，产普洱府边外六大茶山。……茶味优劣别之以山，首数蛮砖，次倚邦，次易武，次莽芝。……次漫撒，次攸乐。最下则平川产者名坝子茶。此六大茶山之所产也。其余小山甚多，而以蛮松产者为上。"这段记载非常有趣，专门给六大茶山排了座次。除此之外，还特意提到了蛮松。

道光《普洱府志》"土司"卷载："倚邦土把总在普洱府

边外，系思茅厅东南，境内距城六站。管理各茶山。一攸乐……一莽芝……一革登……一蛮砖……一倚邦……按每年定例承办贡茶。”“易武土把总在普洱府边外，在思茅厅东南，境内距城八站。管理漫撒茶山……协同倚邦承办贡茶。”由此可知，贡茶出自六大茶山。

1965年10月，曾代任倚邦末代土司的曹仲益写了一篇文章《倚邦茶山的历史传说回忆录》，文中有这样一段话：

倚邦贡茶，历史上皇帝令茶山要向朝廷纳一项茶叶，称之贡茶。年约百担之多，都全靠人背马驮运至昆明。从昆明如何转交到京城，那就不知道了。这项贡茶，都摊派于五大茶山。其五山茶叶，特以曼松茶叶最为味好，历受各地欢迎，史上昆明市都设有曼松茶铺号，其价值比一般的高，故贡茶指名全要曼松茶，各山茶民均得出款统一购买曼松此茶叶交纳上贡，造成五山茶民的很大负担。直到光绪三十四年，地方混乱，盗匪蜂起，贡茶运至昆明附近被匪抢劫一空，皇帝也无法追究，故才得以借机停止了交纳这一项贡茶。

曼松古树晒青毛茶

紧跟着上文还有一段话，记述了茶山的由来与划分：

五大茶山的由来，就是随着贡茶的负担，及茶叶分布面积，划分管理的一种形式。其中即倚邦的：曼松山，曼拱山，曼砖山，牛滚塘半山三山半；易武的易武山，曼腊半山一山半。故为五大茶山。如果加上攸乐一山，即为六大茶山。

文中记述的六大茶山已经与清代中期的划分有了很大不同。与道光年间的记述两相比较不难发现，倚邦土司地的茶山中，曼松的地位获得了极大提升，成了倚邦土司地茶山中产量与声誉的担当。曹仲益出生于1929年，关于贡茶的内容也都是他听来的。

1988年编印的《版纳文史资料选辑》第四辑中收录了一篇由召存礼征集，赵天民整理的题为《西双版纳五大茶山》的文章，文中有二段讲“五大茶山上的皇帝贡茶”云：

五大茶山每年都要向朝廷皇帝贡茶百担以上。贡茶均由五大茶山派人先运送到昆明，又从昆明运送到京城献给皇帝。皇帝指定：五大茶山中的曼松茶叶为贡茶。其他寨茶叶概不要。曼松茶叶质厚味美，放少许入杯，用开水冲泡后，茶叶则直立而不沉。色清微黄，其味甘香可口，饮后神志清醒。所以其他茶山的茶农均得出钱购买曼松茶叶上献皇帝。

皇帝贡茶一直到光绪三十四年，由于地方混乱，盗匪蜂起，贡茶运送到昆明附近，被盗匪一抢而空，皇帝无法追究。从此，贡茶也就停止上送。曼松茶叶由于质厚，其味清香可口，饮者神志清醒，各地商贩都争着高价购买。昆明曾一度开设过倚邦曼松茶铺，价格比一般茶铺的高，但还是有人上铺饮茶。

清代普洱贡茶出自六大茶山，贡茶指定只要曼松茶都是后人的说法，留存下来的碑刻、史籍文献并没有相关的佐证。

民国时期的曼松茶就已经很有名，但再怎么说也不如现今曼松茶名气大。每年春茶上市之前，都会有个山头茶价格名单在网上流传，多数时候曼松都高居榜首。

癸卯年孟夏时节，再度陪同朋友前往曼松寻茶。河边队村民小组组长陈云其开车载着倚邦宏庐的主人涂俊宏先生在前头带路，来寻茶的一行人驾驶车辆居中，倚邦村委会老主任徐辉棋先生开车载着我殿后，临时组成车队出倚邦经曼桂山直奔曼松。到了曼松村民小组组长普旺明家中，得知他家附近的曼松古茶树刚好开采，便跟着他去看采茶。看起来不起眼的寥寥几棵古茶树，前期因为天气格外干旱，老叶子都落完了，直到最近才发出新叶。当天上午的天气看起来不错，才叫人赶紧采，摇钱树般金贵的曼松古树茶，容不得它长老。

采茶

时间紧迫，一行人再度出发去往王子山。车辆经过李坚强、李健明两兄弟的茶厂，上坡往右手边方向的路岔了进去。越走越发觉得这条路难走，比我们之前走过的路险多了。可真是应了茶山人的俗话：“哪里弯哪里去，哪里陡哪里走。”中间两驱的车几次三番爬不上去，多亏了山地驾驶经验丰富的徐辉棋帮忙开了上去，最后索性将车停在路边，大家分散挤到头尾两辆车上直奔则道的基地。路过曼松、背阴山界碑的时候，专门停下来让大家留影。象明彝族乡四大茶山的村寨之间，独独只有这一块界碑，这也成为了一道景观。

涂俊宏先生曾经任过则道总经理，徐辉棋先生做过则道厂长。甲午年春茶季，就是在则道基地，我与涂俊宏先生初相识，转眼间已十年过去了。这次我们是托了涂俊宏先生的福，随同他一起再度来到了则道基地。则道基地的杨斌厂长与涂俊宏、徐辉棋都是老相识，专门请我们喝了一泡名为“三二七”的曼松古树茶。普洱茶行业内经常会说一句话：“曼松古树，一泡难求。”能够有这样的体验，已经非常幸运了。

喝茶的当口，突然间天色风云变幻。徐辉棋先生说：“天要下雨，得赶紧走。”于是作别赶去山下的涂俊宏先生一行，我们急忙调转车头拼命往回赶。来的时候只顾看风景，回的时候着急赶路，越发觉得路程遥远。远处的乌云不断迫近，头顶上雷声滚滚，风骤起，摇动树枝乱舞。连三赶四，回到了半途停车的位置，此时大颗的雨珠已经从天而落。我们头前带路，后车一路尾随。雨水打湿了地面，土路湿滑无比。打起十二分精神，小心翼翼驱车前行。往常这段下坡的路程顶多二十分钟，这次我们花了将近一个小时的时间才平安到达山脚。徐辉棋先生长舒了一口气说：“这下不用怕了。”

回到曼松村民小组组长普旺明家中的时候雨停了，我们暗自庆幸还好没有遇上大雨，否则就只能待在山上等待天晴了。4 月份正逢旱季的尾声，眼见着焦渴的茶山却是一雨难求。5 月份开始初迎雨季，茶农又担心不期而至的雨下太多。以茶为生的农人心情伴随季节与天气的转换起伏不定。

1986 年，曼松老寨开始从山上往下搬迁至新寨。除了交通不便，搬迁更主要的原因是缺水。曼松老寨就只有两口井，晨起去得早有水吃，一家人洗手洗脚就只有一盆水，孩子洗完了大人洗。小孩都是下河去洗澡。

俯瞰曼松

曼松老寨有30多户，有几户人家搬去了背阴山，还有一户人家搬去曼桂山。曼松老寨到新寨的搬迁持续了20年左右，直到2006年全寨搬迁完毕。行政区划调整以后，昔日的曼松现在是象明彝族乡曼庄村委会曼松村民小组。而在历史上，曼松向来都是归倚邦管辖。在人文地理上，曼松属于倚邦茶山。

曼松村民小组常住48户、280多口人，全部都是划归彝族的香堂人，寨子里的人都会讲香堂话，唱山歌、吹芦笙、弹三弦是香堂人都会的歌舞乐器三件套。曼松以李姓居多，还有罗、普、张、鲁、彭等姓氏人家。古茶树产量稀少，春茶一季总共有三百多公斤。自2004年开始埋籽儿种茶，栽种的乔木茶面积已经有三万亩，开采的大约二万七千亩，春茶的产量在十五至十八吨。租给则道的土地面积是四百六十亩。

傍晚，普旺明开始生火炒茶，当天采摘的曼松古树鲜叶容不得半点闪失，靠他自己动手炒制。为了把茶炒好，他也经常找各个村寨的炒茶能手交流，甚至跟随名师学艺。他就专门跟非物质文化遗产代表性项目古六山普洱贡茶制作技艺西双版纳州级传承人权晓辉先生学过制茶技艺，对于每位教授他制茶

普旺明晒茶

曼松寨门合影

技艺的师傅，普旺明都心怀感念之情。

华灯初上，我们驱车离开曼松，出曼松寨奔向象仑公路。在象仑公路岔入曼松的路口竖立着一座仿古风格的寨门，门额上铭刻着两个大字“曼松”，下面原有一行字“贡茶之源”，2023 年春茶季换成了“中国普洱贡茶第一村”。改换的不单是一句话，而是曼松人对自身的定位与对寨子发展前景的期许。

背阴山

癸卯年孟夏，当我们一行人从象明街出发前往背阴山的时候，天都已经快黑了。赶上象仑公路正在修路，必须要掐着时间点才能通行。象明商会会长卫成新先生开起车来风驰电掣，同行的还有从昆明来做茶的仓才惠女士。从象明街到曼迁这一段公路近来在修挡墙和排水沟，行驶在破烂不堪的道路上，坐车的人只会觉得颠簸得厉害。曼迁到磨者河段的路面已经压平了，还没来得及铺沥青，马上雨季就要来了，只是压平整的路基根本经受不起雨水的冲刷，听说月底又要停工了，照这样下去，前面的工程算是又白干了。这条路修修停停，2023年已经是第四个年头了，竣工的日子遥遥无期。

背阴山在人文地理上属于倚邦茶山，行政区划调整以后，现在成了象明彝族乡曼庄村委会背阴山村民小组。背阴山是距离曼庄村委会驻地象明街最远的村民小组。每次都要开车沿象仑公路过磨者河进入易武镇地界，再沿着219国道往江城方向行驶，然后左转岔入通往背阴山的乡村道路，生生绕出一大圈才能抵达背阴山。路远暂且不提，适逢修路，只有住在背阴山才是上选。好在卫成新先生已经提前联系做好了安排，

集体合影

仓才惠女士也有自己相熟的茶农，我们就分住在两户茶农家里。我们入住的这家主人名叫罗金培，新盖的三层楼房，添设了各种硬件设施，这样的居住条件，放在城市里完全属于豪华别墅了。近些年来背阴山大兴土木，似他家这般情形在寨子里并不少见。短短十多年的光景，背阴山就发生了天翻地覆般的巨变。当下背阴山人生活富足，既往茶山人清贫的生活影像不断消逝，那里不仅有老人家们怀念的旧日时光，还隐藏着过往的历史记忆。

壬寅年仲秋月，易武茶叶协会办公室主任罗茜茜联系上了背阴山茶农罗金文，罗金文创办的金庆号是易武茶叶协会副会长单位，有了这层关系好办多了，于是我们从易武镇出发直奔背阴山。地理距离上背阴山到易武更近，连带人的心理距离也觉得易武与背阴山更亲近。到了背阴山罗金文家中，听说我们对背阴山的过往很感兴趣，罗金文打电话将他伯父罗杨强请到家中。年过古稀的老人家身着民族服装，戴个帽子，背着三弦，手拿芦笙，满面笑容出现在众人面前。老人家虽身形精瘦，但精神矍铄，说起往事如数家珍，谈吐风趣幽默。

在罗杨强的记忆中，跟他同一代的人都没读过书。年轻的时候赶上大集体时代，白天干劳动，下工后邻寨曼迁的姑娘拦住路不让走，晚上隔着河对山歌，唱咋个爱咋个想。跟我一同来的都是年轻姑娘与小伙，于是一起央求老人家唱首山歌。老人家故意逗我们说："那都是对唱呀！也没个姑娘。"大家起哄把罗茜茜推出来说："您就对着这个姑娘唱好了。"

罗杨强演奏三弦　　罗杨强吹奏芦笙

老人家就开开心心地又唱又跳，芦笙、三弦、三跺脚，样样拿手。我放低声音悄悄跟大家说：“你们想想看，过去土司过的可不就是这种生活吗，时不时要叫人过来唱歌跳舞给他消遣。”大家听了先是惊讶，后来细想想，顿觉确实就是这么回事儿。

老人家表演完了以后接着给我们讲故事。过去人住的都是木栅栏作墙的茅草房，找好对象想要约会，白天要看好姑娘睡觉时床铺的位置，晚上摸过去拿根棍子戳一下，悄悄溜出来见面。情窦初开的年纪就谈对象，老人家的形容非常贴切：“就像果子一样，熟了就可以吃了。”他还传授经验给在座的小伙子：“伙子找姑娘多吹点儿（牛）。”老人家说起他们年轻时都穷，十多岁才开始穿鞋，白天都是光脚走路，舍不得穿。结婚的时候也不要媒人，读一遍《毛主席语录》，唱一首革命歌曲，备上两只鸡，两角五分钱买条烟就搞定了。当时去倚邦做结婚登记，在背阴山也是第一个。

罗杨强十五岁就参加队委会做会计算账，1976 年至 1986 年任生产队长，又当队长又当民兵排长，抬了七年枪，冲锋枪、半自动、全自动都抬过，手榴弹也丢过。那个年代吃肉全靠打猎，吃过饭抬着枪就出去了。走不赢就找棵果树等着，马鹿吃果子，不知道干死多少，一发子弹可以干两头，做成干巴。打伤过一只小豹子，不知死没死，不敢去拿，若被豹子咬住，它死都不放。拿全自动干过老熊，抬这种枪不怕，可以连发。把熊肉吃了，熊胆做药。讲到此处，罗杨强思忖了一下补充道：“熊掌好吃。”山上打不到，就顺着河找石蹦子（青蛙），石蹦子白天在塘子里，晚上就出来了。过往的年代，人的生计才是头等大事，也没有保护动物的理念。现在听老人家讲起往事，就像是听传奇故事一样。

背阴山村小组入口

罗金文的弟弟罗光文是现任背阴山村民小组组长，兄弟两人你一言我一语介绍起背阴山的情况。背阴山村民小组共93户、378人，全都是香堂人。罗金文不无自豪地宣称："整个象明乡唱歌跳舞就靠背阴山，民族文化最浓。"象明彝族乡有七个香堂人寨子，包括背阴山、曼松、曼迁、落水洞、高山、小曼乃和曼桂山。香堂人被认为是最能够代表象明彝族文化特色的支系，这让地处象明彝族乡各个村寨的香堂人格外自豪。借用文化宣传造势，近年来让背阴山风生水起。2022年，背阴山人打出口号："我的曼松我负责。"经统计，背阴山古茶树的数量为5034棵。58位家有古茶树的村民代表身着民族服装、手拿身份证拍照后合成了形象墙，就立在219国道进出背阴山的岔路口，每日里微笑注视往来的车辆行人。

背阴山古茶树非常分散，春茶数量稀少。相比而言乔木茶的种植面积相当大，占地面积超过四万亩，其中九千多亩租给了外来的茶企则道茶业。村民们现在得了茶叶带来的巨额收益，这在当年却是始料未及的。2000年前后，当地政府扶贫办拉来茶苗分给村民，他们都丢在路边不愿意种，还反问："种来干吗？"那时的村民们都认为种茶是几代人的事，眼下看不到收益。

2022年背阴山之行还历历在目，转眼间2023年新茶季又已到来。5月份的天气溽热难耐，背阴山村地处山坳，罗金培家新盖的房子哪儿都好，就是没装空调，早上起来卫成新先生直呼："住在顶层房间太热了！"

早餐后去到罗金培家的初制所喝茶，随后而来的还有背阴山村民小组会计罗潇凌，他是上一任背阴山村民小组组长罗俊的弟弟，自 2021 年起担任会计职务。寨子里罗姓人家较多，分属于三支。户数最多的是李姓人家，此外还有杨、张、鲁、王、普等姓氏人家。背阴山老寨从 1986 年开始往山下搬迁，直到 1992 年搬迁完毕，先是搬到猪头田，而后迁至现址。背阴山名称也随搬迁地变化，村民小组的公章和居民身份证一度都写的是盐井河，后来又改回背阴山。背阴山的茶地包括从曼松搬过来的八户人家划过来的五千多亩，林权证在背阴山，茶地在曼松行政界限内。

头天晚上下了一场雨，泥泞的道路难阻我们的脚步，在强烈的好奇心驱使下，我们决意上山去一探背阴山古茶树的真容。罗金培开着皮卡车载着我和卫成新先生，出了寨子后从一座小桥上驶过，平日清澈的溪水化身为眼下的滚滚泥汤奔流而去。上坡的时候，罗金培换成了四驱模式，得亏开的是大马力皮卡车，就这在上坡的时候都显得吃力。一路盘旋而上，始终都是在橡胶林里穿行。路过背阴山老寨遗址的时候，罗金培特意指给我们看了一下。从山顶到罗金培自家的几棵

背阴山古茶树

古茶树要靠步行，雨后的红胶泥地湿滑又沾鞋，走不了多远就要清理一下沉重到抬不起脚步的鞋子。三步一滑，五步一晃，一路跌跌撞撞走出了数百米，总算是见到了他家的几棵古茶树。为了保护好这几棵金贵无比的古茶树，专门搭建了木头架子。树根部还挂了牌子，样式都是统一定做的，每一棵都有自己的编号，每家每户照着自家古茶树的数量去买来牌子挂上。往返的路上，不时可以看到采茶人的身影，眼看茶季的高峰将过，只能尽力去采摘鲜叶，沉甸甸的收益，就靠这一片片叶子换取。

日光晒茶

背阴山古树晒青毛茶

午饭选在了与仓才惠女士相熟的那位茶农家，为了招待客户，楼上还专门设有客房。等待的当口，往对过儿的山坡上望了一眼，一对儿年迈的夫妻正在打理自己的苞谷地。即

远眺背阴山

便现在茶叶的收益高涨，老人家们依然守着农民的本色，粮食带给他们内心的安稳无法替代，收获的苞谷用来豢养禽畜，也可以酿酒。吃饭的时候，大家谈论起背阴山集资正在新建的寨门，说是要花费二百多万元。回想我们路过时看到的正在施工中的背阴山寨门，才只是初具面貌的仿古式造型。它的昂贵造价显现出背阴山的豪气，放在六大茶山的所有寨门中都是最奢华的。想来建成以后，一定会引发热议和瞩目。

罗金培家的初制所地势开阔，葱绿的草坪上星星点点绽放的野花惹人喜爱。正值茶叶采摘的旺季，每天都忙碌不停。喝着茶，聊着天，酷暑难耐的午后，时光格外漫长。我们原本打算等到晚上象仑公路施工结束后原路返回，抬头看看火辣辣的太阳，低头看看已经晒干的地表，临时决定走小路翻山回去。

说走就走，带上行囊，我们再次沿着上午去茶园的路线驱车前行。上到山顶上，在接近背阴山老寨遗址的岔路口左转前行。心里一直默念着沿大路走，眼下盯着路上的车辙心不慌。卫成新先生充分展示了他常年跑山路练就的车技，开着四驱越野车一路勇往直前。直到翻过山巅，沿山脊背蜿蜒曲折的陡坡下到宽阔的生产道路上，我才意识到已经进入到了茶企——则道茶业承租的地界内。身后通向则道基地初制厂，沿路可以下到曼松寨子，再回到象明街。眼前的路则通向象仑公路么连寨，沿大路直奔象明街。我们果断地选择了后一条路线。一路在山林间穿行，半坡上有人在烧懒火地，升起袅袅青烟。远处的山巅乌云密布，正缓缓向着我们移动。情知不妙的卫成新先生一刻也不敢耽搁，驾车一路向前飞奔。往常并不觉得路远，此刻归途显得无比漫长。当我们终于驶上象仑公路的时候，大家终于松了口气。这条公路烂归烂，比起下雨后就容易陷在途中的泥巴路，总归还是让人心里踏实得多。

放慢车速，打开音响，任凭零落的雨滴敲打车窗，优哉游哉往回走。沿途车窗外熟悉的寨子逐个被甩在身后，禁不住让人感叹：我们走过了一山又一山，我们去过了一寨又一寨。这一山一味，一寨一韵的古树茶，有多少人能品出它们的个性风格，又有多少人听过茶背后那些动人的故事，那是生活在这山山水水间的人们自己创造的历史，等待人们前来探寻记录，等待人们前来感怀品味。

第四章

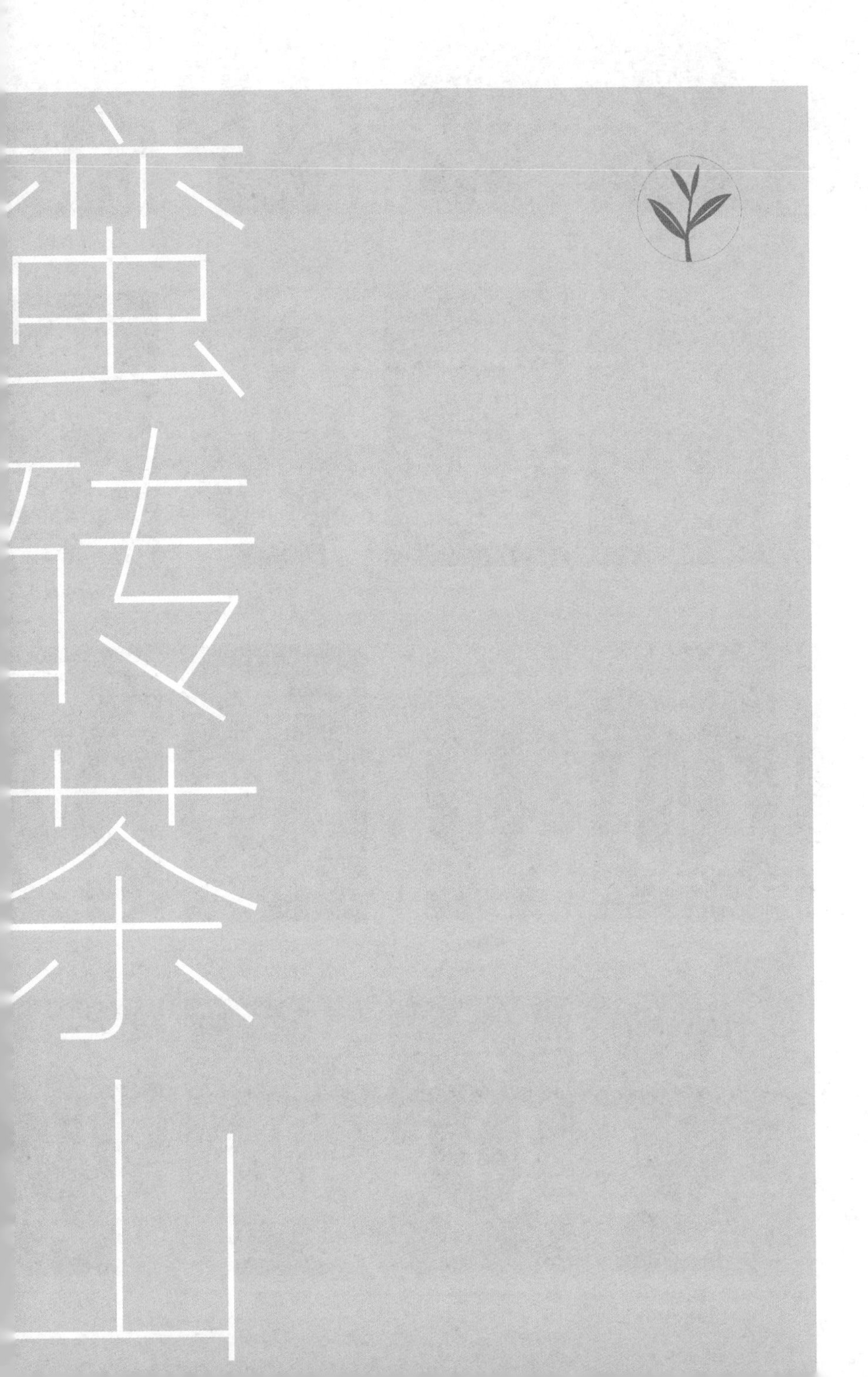

致敬给予本书支持的蛮砖茶人（按姓氏拼音排序）

仓才惠

邓进寿

邓文进

杜 红

丰保收

丰建强

丰敬堂

丰如松

冯东京

何庆华

何 伟

姜志强

李国成

李 华

李建国

李 明

李卫兰

罗立忠

罗盘忠

罗启兵

罗顺午

普金伟

屈丙文

唐　虎

唐胜军

唐文忠

滕　达

滕剑辉

滕少华

王起升

王文超

卫成新

卫成英

卫成忠

卫江茜

夏黎明

许少华

许志强

岩　金

岩坎光

岩温邦

岩温扁

杨南秋

杨　啸

杨志兵

杨志超

杨志其

杨　重

姚志祥

张海燕

张建忠

张　凯

张元超

赵财新

赵财珠

蛮砖茶山风云录

蛮砖茶山中深藏着自然的奥秘与历史的密码。

康熙三十年（1691）由范承勋、王继文监修，吴自肃、丁炜编纂的《云南通志》“物产”卷“元江府”条下载曰：“普耳茶，出普耳山，性温味香，异于他产。”“山川”卷“元江府”条下所载：“莽支山、茶山，二山在城西北普洱界，俱产普茶。”此际的车里宣慰司尚在元江府治下，茶山仍然是一片广袤而神秘的土地。

康熙五十三年（1714）章履成《元江府志》“物产”卷载曰：“普洱茶，出普洱山，性温味香，异于他产。”“山川”卷载曰：“莽支山、格登山、悠乐山、迤邦山、蛮砖山、驾部山，六山在城西南九百里普洱界，俱产普茶。”这是信史记载中六大茶山的首次亮相，可以看出这个时候茶山的重心分布与后世的分别。

雍正五年（1727）十一月至雍正六年（1728）六月间，云贵广西总督鄂尔泰与雍正皇帝之间的五份奏折及批复中反复提及“茶山”“六茶山”“六大茶山”，六山中的攸乐、莽枝、倚邦、蛮砖反复出现，蛮砖茶山的慢林、小蛮砖寨等反复被提及。这些在后世声名显赫的名山名寨已经早早写就历史的伏笔。

鄂尔泰的统筹规划中，地域广袤的六大茶山险峻处固多，肥沃处亦不少，且产茶之外，盐井、矿务皆可治理，这被他视作推行政策方针的经济基础。

雍正七年（1729）由鄂尔泰奉命纂辑，靖道谟总纂，成书于乾隆元年（1736）的《云南通志》载曰：“（普洱府）茶，产攸乐、革登、倚邦、莽枝、蛮耑、慢撒六茶山，而倚邦、蛮耑者味较胜。”位列六茶山之一的蛮砖获得了更高的评价。

康熙《元江府志》与雍正《云南通志》中六大茶山略有不同，驾部被慢撒取代。改土归流后增设了倚邦、易武两家土司，前者统领莽枝、革登、倚邦与蛮砖四山，后者统领漫撒茶山，这与他们各自分担的贡茶、钱粮的数量与比例惊人地吻合，看起来是一种制度性的安排。换句话说，清廷不仅视六山为产茶之地，同时也将其看作是分派税赋的依据，所以倚邦土司地负担更重，易武土司地负担略轻。

改土归流设立普洱府后，外来的茶商曾经短暂地被赶出茶山，但是伴随政策的调整，他们很快又卷土重来并且在茶山站稳了脚跟，茶山也迎来史上的第一个繁荣期。

蛮砖茶山曼庄存留有一方乾隆六年（1741）修建蛮砖会馆所立功德碑，这方碑刻为后人了解乾隆初年前后蛮砖茶山的社会风貌提供了珍贵的资料。就其“蛮砖会馆”的名称来看，在六大茶山的地界上也是独一无二的，这显然是来自省内外的客商经过商议后的结果。

题写碑额“功德碑记”四字的是石屏籍官员张汉（1680—1759），张汉是在乾隆元年（1736）通过博学宏词科二入翰林院，后升任翰林院检讨。题写“功德碑记”碑额应当就是在乾隆元年至乾隆六年期间。张汉一生中创作了七千余首诗歌，清末云南特科状元袁嘉谷将其编选成《留砚堂诗选》。翻阅其书，但觉满卷茶香。这并不令人意外，历来文人士大夫皆雅好茗事。其同乡石屏人更是盘踞六大茶山之声名最著、实力最强的普洱商帮。张汉为蛮砖会馆功德碑题写碑额，从侧面印证了其与同乡茶商之间的联系。实际上，历来官商之间都不乏交游，礼尚往来更是司空见惯。由此，张汉诗文中流露出的对普洱茶青睐有加便在情理之中了。张汉有一首诗作《普洱茶》："一水何须让武夷？遗经补注问名迟。撷从瘴雨春分后，焙取蛮烟骑火时。郡守不因茶务重，侯封绝胜酒泉移。南中旧史文园令，应喜清芬疗渴宜。"其《瀹茗山茶花下作》中有"六大茶山有茶人，种茶为生满岩谷"，可见其对六大茶山是知悉的。更有一首《思乡曲》诗句曰："倚邦火后蛮砖雨，采得枪旗入鼎香。"这与雍正《云南通志》中所记六茶山中以倚邦、蛮砖味较胜意味相近。其《昆明清明写兴》一诗中有"蛮砖茶喜供银汁，吴井泉宜漱玉川"，更是清清楚楚地表达出对蛮砖茶的喜爱之情。

蛮砖会馆功德碑序文为石屏籍官员罗凤彩（1695—1772）所作，罗凤彩在雍正七年（1729）擢升户科掌印给事中，奉敕视学山东。其为蛮砖会馆《功德碑记》作序应该是在其任职山东学政期间。

碑刻中一一记述了捐资者的姓名、捐献银两数额。列首位的是"管理茶山军功土部千总曹当斋奉银四两"，紧随其后的是奉银最多者丰大裔，捐资三十三两。修建蛮砖会馆统共费银三百六十两。从出资金额可以看出，丰大裔财力雄厚，此外尚有众多丰姓捐资人。捐资人中卫姓亦为数不少。从姓名可以看出，家族聚居是较为普遍的现象。从碑刻上捐资者的姓名来看，捐资者大多数属于汉族，亦有少数疑为世居当地的少数民族。

操办蛮砖会馆建造并勒石铭记事宜的是“管事会长高板柱、严珍”。

透过这方功德碑，遥想当年修建蛮砖会馆的场景：管事会长高板柱、严珍统筹规划，提议以“蛮砖会馆”命名，省内外的客商都对此表示满意，调动石屏籍客商深厚的人脉，修书至京，延请为官清廉的两位石屏籍官员襄助，一人题写碑名，一人作序。

敦请年长而又在书法上颇有造诣的张汉题写蛮砖会馆功德碑记的碑额，“功德碑记”四个大字虽然仅余半数，仍然可以从中感受到遒劲有力的书风。

欣然为之作序的罗凤彩，将建造蛮砖会馆的缘起、功用、意义等作了简明扼要的记述，也为蛮砖茶山的历史记载留下了浓墨重彩的一笔。

作为地方主政官员的曹当斋奉银四两，拥有国子监生身份的丰大裔奉银三十三两，丰姓、卫姓、权姓等各姓客商纷纷慷慨解囊，当地少数民族也积极参与。蛮砖会馆落成后，官商民等共同参与庆典，成为蛮砖茶山的一大盛事。

乾隆六年（1741），外来客商及当地百姓为了商贸往来及交通的便利，捐资修建蛮砖寨途经砍懒寨至慢林寨的道路，蛮砖寨众奉银五两，砍懒寨众奉银十四两，慢林寨众奉银五两。历经岁月的风雨侵蚀，这方小小的修路功德碑留存至今。这是六大茶山境内现存年代最早的修建茶马古道所立功德碑，验证了已经入列全国重点文保单位的茶马古道的悠久历史。

阮元、伊里布监修，王崧、李诚主纂，成书于道光十五年（1835）的《云南通志稿》援引檀萃《滇海虞衡志》云："普茶，名重于天下……出普洱所属六茶山：一曰攸乐，二曰革登，三曰倚邦，四曰莽枝，五曰蛮砖，六曰慢撒，周八百里，入山作茶者数十万人。茶客收买，运于各处。"又引《思茅厅采访》云："茶有六山：倚邦、架布、嶍崆、蛮砖、革登、易武。"其中收录的《普洱茶记》一文为阮元之子阮福所作，阮文中已经注意到了六大茶山之名互异。个中的原因是什么呢？一种合理的解释是：倚邦、易武土司地各自所辖的区域相对稳定，受战乱、灾荒、瘟疫的影响，区域内各山头及村寨的兴衰此起彼伏。而承担的贡茶、钱粮等不得不因势利导进行调整分派，道光年间倚邦所辖实际承担贡茶、钱粮缴纳的区域改为由倚邦、架布、嶍崆、蛮砖与革登缴纳，易武所辖实际担负贡茶、钱粮缴纳的区域由漫撒转向易武。道光二十八年（1848）保全碑所记，在遭受火灾、瘟疫的重创后，倚邦仿照易武的先例，改为从茶叶贸易环节按担抽收银两完纳贡茶、钱粮。

道光十六年（1836），横跨倚邦、易武土司地之间磨者河上的永安桥落成，所立功德碑现存放于易武茶文化博物馆内。为了修建永安桥，时任思茅厅同知成斌、车里宣慰使刀正综、倚邦土司曹铭、倚邦土司协办曹辉廷、倚邦通山首目、思茅贡士赵良相及石屏客商共同出资。不数年后永安桥即为洪水冲毁，遗存下来的永安桥碑成为茶马古道的重要文物。

道光三十年（1850）李熙龄所纂《普洱府志》“土司”卷下清楚地记载：倚邦土把总管理攸乐、莽芝、革登、蛮砖、倚邦茶山，按每年定例承办贡茶；易武土把总管理漫撒茶山，协同倚邦承办贡茶。由此不难看出，清廷分派给倚邦土司承办、易武土司协办贡茶的权责是与令其管理茶山的数目相挂钩的。道光《普洱府志》所记倚邦、易武土司应缴钱粮数额与倚邦保全碑所记税率高低的比例基本保持一致。

道光《普洱府志》“山川源委”卷下则指称六大茶山为攸乐、莽枝、革登、蛮砖、倚邦、漫撒（即易武）。

光绪二十六年（1900）陈宗海纂《普洱府志》“地理志”卷下有记：“漫撒山易名易武山。”

自从普洱入贡清廷后，多数时候延续的都是按照茶山进行分派，蛮砖茶山始终是贡茶产地之一。

民国年间，外来与本地的茶商及官员还在努力尝试重振茶山的商贸及文教事业。民国7年（1918），来自元江的杨朝珍、杨泗珍、杨儒珍三兄弟来到了倚邦街创办了杨聘号，老大杨朝珍与老二杨泗珍常住曼庄收购原料，老三杨儒珍在倚邦负责加工。杨朝珍还在曼庄继娶普三妹为妻生儿育女，抗战爆发前后，杨氏三兄弟相继回归原籍，杨朝珍还托人接回了妻儿。杨家在曼庄的故事至今为后人所感叹。

民国时期普洱茶的生产贸易中心由江内六大茶山的倚邦、易武转移至江外的佛海，虽然六山所产的普洱仍旧保留有“山茶”的声誉，但是佛海附近南糯、猛松等处的“坝茶”已经崛起。澜沧江两岸各大茶山的分布与今天如出一辙。

民国 30 年（1941）至民国 32 年（1943）基诺族起义，战火燃及六大茶山的村村寨寨，终结了传统时代六大茶山普洱茶的辉煌历程。

新中国成立以后，曹仲益在《倚邦茶山的历史传说回忆录》中写道：“五大茶山的由来，就是随着贡茶的负担，及茶叶分布面积，划分管理的一种形式。其中即倚邦的：曼松山，曼拱山，曼砖山，牛滚塘半山三山半；易武的易武山，曼腊半山一山半。故为五大茶山。如果加上攸乐一山，即为六大茶山。”佐证了清代倚邦、易武土司动态调整普洱贡茶的分派区域，蛮砖茶山始终为贡茶产地之一。

蒋铨所作《古“六大茶山”访问记》，约略阐述了六大茶山的文献记载，详述其在 1957 年走访古六大茶山所作调研，认为六大茶山是曼洒（曼撒）、易武、曼砖（曼庄）、依邦（迤板）、革登和攸乐。即使在六大茶山极度衰落的时期，蛮砖茶山都还屹立六山行列。

历经半个多世纪的沉寂，在 20 世纪 90 年代普洱茶产业复兴后，蛮砖茶山再次迎来了繁荣昌盛的发展时期，并且以其拥有的古茶园面积之广，出产的古树茶品质优异，焕发出无限的活力，不断创造出属于新时代的辉煌。

曼林

曼林，一个历史悠久的古村寨。自从曼林进入档案记载的那一刻起，就注定它在蛮砖茶山历史上书写出不朽的传奇。

改土归流设立普洱府是决定六大茶山命运转折的重大历史事件。雍正五年（1727）十一月至雍正六年（1728）六月间，云贵总督鄂尔泰进呈给雍正皇帝的奏折中，反复提及“六大茶山”，还有“蛮砖”“慢林”等地名。从历史发展轨迹来看，正是由于鄂尔泰这个幕后推手，才有了后来六大茶山及其境内的村寨获得举世追捧的崇高地位。当他在奏折中郑重地写下“慢林”两个字的时候，开启了汉文档案记载“慢林”的先河。

我们笃定在进入汉文档案记载之前，曼林事实上已经存在，就连它的名字都来自傣语的音译。早前它的汉文译名写作“慢林”，后来写作“曼林”。修建从蛮砖寨经砍懒寨至慢林寨茶马古道的功德碑建造于乾隆六年（1741），留存至今，碑上铭刻的就是“慢林”。这是当今六大茶山地域内所见修建茶马古道年代最早的物证。可以想见当年在这条道路上商旅往来络绎于途的繁忙景象。在公路修通以前，人们还是沿着这条茶马古道往来于各座茶山与村寨。伴随现代交通网络不断向茶山村寨渗透，传统时代构建的茶马古道网络逐步退出历史舞台，现在已经成了全国重点文保单位，供人缅怀历史的实物见证。滚滚向前的历史车轮无情地碾压而过，承前启后的人们顽强不挠地书写记录，寄望于文明的火种代代传承不息。

壬寅年腊月，约同象明商会会长卫成新先生与倚邦贡茶历史博物馆馆长徐辉棋先生驱车赶赴位于象明高山上的曼林。在象明乡至勐仑镇的公路刚刚修通的那几年，进出象明乡最为方便的就是走象仑公路。过臭水河小桥，路边竖立着一块大石头，上面铭刻着“曼林古茶山”，红色箭头指向的公路直通曼林，顺道赴曼林访茶成为了必选项。近几年象仑公路修修停停，有人感叹：“新路短时间修不通的话，就不要把老路都挖烂嘛！”现在坐实了六大茶山境内路况最差道路的名头，想扔都扔不掉。除非迫不得已，几乎没人选择走这条路线。眼下为了将曼林探访清楚，我们已经别无选择，只能硬着头皮驱车前行。从象明乡出发行至曼赛左转驶向曼林，这一段虽说路况不差，却道路逼仄，相当考验驾驶员的车技与经验。

曼林茶山入口合影

在人文地理上，曼林属于蛮砖茶山，行政区划上隶属象明彝族乡曼林村委会曼林村民小组。与友人相约在曼林党支部书记姜志强家茶叙，一圈人围坐在茶桌前好不热闹。曼林村民小组 123 户人家，户籍人数 542 人，有何、姜、滕、张等姓氏。曼林古茶园占地面积超过 2000 亩，实有面积逾

900 亩，是整个蛮砖茶山连片面积最大的古茶园。近些年新栽乔木茶园面积 2000 多亩。最多的还是橡胶林，面积不下 10000 亩。在场的滕少华曾经担任过曼林村委会主任，他的总结非常贴切：“脚踏橡胶，背靠茶树。”橡胶行情好的那些年，曼林人的日子过得滋润。茶叶的行情好了以后，曼林人的日子就更好过了。

曼林村民小组组长滕达唤来了高山村民小组茶农李建国，李建国的父亲李文明任职高山村民小组干部长达 20 年。同属于曼林村委会下辖，高山村民小组是个纯正的香堂人寨子，后来都归入彝族。高山村民小组实在户 74 户，289 人。有钟、李、王等姓氏。寨子里所有的人都会讲香堂话，民族舞蹈三跺脚和民族乐器芦笙人人都会。山水相连的象明乡与易武镇有好多个寨子重名，经常会有搞不清状况的人要去曼林高山，却跟着导航把车直接开到了易武镇高山寨的情况。为了着意区分开来，人们习惯上加前缀称呼象明乡曼林高山。曼林与高山两个村民小组毗邻而居，古茶园也都是连在一起的，只是高山村民小组的古茶园仅有 100 亩，比起曼林少得太多了。2004 至 2005 年，政府扶贫分发茶苗，新栽的乔木茶园超过 3000 亩，那是高山村民发家致富的希望所在。

曼林茶农吴家明已经年届八旬，在他的记忆中寨子里现在叫作庙湾的地方，过去就是观音庙。他言辞恳切地说：“庙里的三个爷爷是泥塑的，其中有一个是三头六臂。”这句话让人听了大为震动，倚邦老街子的观音庙石雕像，锡空老寨

柱脚石

观音庙对面崖壁上的石刻，都是相似的形象。茶山各个村寨，有着近乎相同的民间信仰。观音庙的柱脚石后来被拿去修建学校，如今曼林村民小组社房里还留下了几个柱脚石，成为过往时代留下的遗迹。

吴家明老先生带领我们深入曼林古茶园，穿越山脊的地方有道深深的沟壑，那就是过去进出曼林的茶马古道必经路段。在茶园里面转来转去，他指认一个地方说："这里就是接官亭的位置。"传说当地头领要在此地迎接官员的到来，甚至旁边曾经有个水潭，都被认作是供官员洗漱、饮马的地方。代代相传的口头传说，

曼林接官亭遗址考察

既包含真实历史的影像，也不乏后人不无夸饰的虚构意象。在茶山上，现实与想象往往糅合在一起，成为一种亦真亦幻的叙事。

因茶而兴的曼林，留下了外来汉人的深深烙印。只有当外来的汉人在茶山扎牢根基，他们才会热心于修建道路，修筑庙宇，并且立碑铭记。我们曾在以前砍懒寨的地界上找见了一方修路功德碑，碑上就刻有“慢林寨”的字样。蛮砖茶山曼林与倚邦茶山麻栗树的滕姓源出一家，曼林滕姓的辈分更大。姜姓祖上是曼林的大户人家，留下了许多故事。何伟给我看了他们何姓家谱，可惜只有三页，据说是分家时撕下来的。家谱上有清晰的记载：“原籍倚邦下山蛮谦老寨人士。”过去在茶山上讨生活的人家，到处搬迁是常有的事儿。现在的曼林就是由散居的九个小寨子搬拢在一起组成的。

曼林最引人瞩目的就是古茶园了，面积如此之大的古茶园能够保存下来着实令人惊叹。当我问起曼林的茶树王在哪里时，他们几个的意见似乎不太统一。曼林村委会老主任滕少华曾经带我去看过一棵大茶树，可以说是曼林树干围径最大的一棵古茶树了，但他们认为那棵树的长势不好。于是一群人去茶园里看另外一棵古茶树，又觉得树形不好看。继续翻过山梁，去看一户杨姓人家茶地里的大茶树。这棵古茶树围径壮硕，树形好看，长势茂盛。老主任滕少华，小组组长滕达，支部书记姜志强，还有茶农何伟都在场，大家略作商议后，达成一致意见。在卫成新先生、徐辉棋先生的见证下，

曼林茶王树合影

曼林的茶王树就此诞生了。

癸卯年仲春，正值春茶上市的时间，藏族小伙格桑开车来象明街接着我上曼林。他是曼林茶农何伟的姐夫，小伙子非常帅气，浑身上下都透出一股文艺气息。他媳妇何楠毕业于昆明艺术学院舞蹈专业，两人都是舞蹈艺术家杨丽萍的公司旗下云南印象艺术团成员，文艺活动遭遇新冠疫情重创，格桑夫妇眼见生活都难以为继，不得不中断热爱的演艺职业，一起回到了曼林，转而与家人一起做茶。

曼林古茶树合影

到了曼林，心里惦记着茶王树，于是同小组组长滕达、茶农何伟一起骑着摩托车直奔茶园。

曼林茶王树的主人名叫杨从玉，去到他家茶地的时候，恰逢他的女儿杨婷正在采茶。看到我们到来，她从树上纵身一跃而下。村人盛赞这个年轻的小姑娘非常勤劳能干，同人打起交道也是落落大方。遭逢大旱之年的严酷考验，茶王树的老叶子落了一地，枝头看上去十分稀疏。相比沿路所见因受不住干旱而枯死的茶树，这已经算是好的了。就算身为采茶小能手，遇到如此干旱的情形，杨婷早出晚归，一天下来也采不了多少鲜叶。

何伟夫妇晒茶

何伟在距离曼林村口不远的地方建了个茶叶初制所，媳妇肖思娇是祖籍湖南、落户西双版纳的农场人后代。个子不高的何伟笑称自己：“小是小，胡椒草，干什么都厉害。”媳妇肖思娇漂亮又能干。夫妻两人勤勤恳恳地操持着自家的初制所，里里外外的活计都要靠自己身体力行。晒茶的时候，两人偶尔相视一笑，满心满眼都是幸福。

十多年前来曼林寻茶，最早认识的茶农就是滕少华。他掌握做茶的好手艺，且精于古树茶的品鉴。有一年在他家喝到了一款曼林茶，汤水近乎银白色，喝到口腔里如山泉般甘甜，滑落喉底，有一种极为淡雅细腻的幽香。我故意同他开玩笑：“你看，你的茶一点颜色都没有，一点味道也没有，便宜点儿呗。”他满脸笑意地回答我：“别的茶香气滋味都更浓，还更便宜。”

滕少华担任基层村干部多年，不仅在村民中享有威望，对子女的教育也很成功。大女儿大专毕业后嫁去了昭通，二女儿滕秋然和小儿子滕秋豪本科毕业后都考上了勐腊当地公务员。每年茶季都会到访他家，但都来去匆匆。后来他实在忍不住，好奇地问我：“为什么不在我家吃饭？”当我告诉他自己是回族，有着不同的饮食习惯的时候，他不无嗔怪地说：“你早点讲一声就好了，我大女婿就是回族，家里专门给他准备有一套锅灶。以后你来了，就按你们的习惯做饭就好了。”多民族聚居的西双版纳，早就习惯于彼此和睦共处，彼此尊重对方的信仰习俗，各民族之间的通婚变得司空见惯。生性豁达的茶山人家，敞开怀抱迎接新时代的到来。

小曼乃

“小曼乃也有古树茶？”第一次从卫成新先生的口中得知这个讯息，我着实吃了一惊，只见卫成新先生笃定地点点头，我立马就来了兴趣，想要动身前往小曼乃一探究竟。

从象明乡通往勐仑的公路正在重修，最近四年来，进出象明访茶，都有意避开这条道路。眼前的这条道路坑洼不平，饶是卫成新先生开的是四驱越野车，也不时要经受剧烈地颠簸。想想那些年，这条道路刚修通的时候，我们驱车在这条路上飞驰而过，感觉就像是做了一场梦一样，美好得有些不真实。车过速底傣寨，卫成新先生将车停在一家小卖部的门口，进去挑选了两箱饮料。卫成新先生说：“我们去的这家茶农有两个小孩，给孩子带点东西。”长时间接触下来，卫成新先生的人情练达总是给人留下深刻的印象。

象明河在速底汇入小黑江，峡谷陡然变得逼仄起来，壁立千仞，高耸入云，自然风貌蔚为壮观。象仑公路宛如腰带般在崖壁上缠绕远去，幽深河谷中的小黑江水流湍急，卫成新先生驾驶着丰田普拉多越野车全神贯注地盯着路面。曾经有相识的茶农抱怨：“车子不好的话，沿着象仑公路跑上一趟，就得去检修了。”为了去小曼乃寻茶，这是我们不得不走的一条路。半途中遇上挖掘机在施工，看到迎面驶来的车辆，挖掘机主动让开道路，还贴心地将松软的路面压了压，以助我们驱车顺利通过。

车辆驶过一座小桥，身后的岔路口边上立着一块大石头，上面刻着一行字“曼林茶山”，那是过去我们经常到访的蛮砖茶山的曼林寨。过桥左转驶向一条小路，看不到任何标识，卫成新先生说："沿这条路再走五公里就到小曼乃了。"虽说过往十多年间我们跑了无数趟蛮砖茶山，但从未留意过与曼林岔路口一河之隔就是去往小曼乃的路。两个同样隶属于蛮砖茶山曼林村委会的村寨，一个声名显赫，另一个默默无闻。通往小曼乃的水泥路曲曲弯弯，勉强能容纳两辆车交会。公路从橡胶林中穿过，让人不禁感慨世事多变，如今橡胶收益菲薄，人们又把生计重心放在了茶树上。

待我们赶到小曼乃寨子，已时近中午，于是决定午饭后再去探访茶园。环顾小曼乃寨子，大多数人家的住宅都是一层的建筑，茶农家房前栽种的芒果树硕果累累压弯了树枝。卫成新先生约好的这位茶农名叫张志华，曾经做过小曼乃村民小组组长、象明乡人大代表。他还不无自豪地宣称，他在帮人打离婚官司时还做过辩护人。他的大儿子张长青已经结婚生子，小儿子还在读大学。"一年要十万块，那也要给他读。"张志华支持孩子读书的决心很大。小曼乃是以前就有的地名，瑶族，还有后来划归彝族的本人族都曾居住过。1995 年，从象明高山分出来了十七八户人家搬到小曼乃，虽然早已经划为彝族，当地人习惯上仍然称小曼乃为香堂人寨子。现在有 32 户、138 人，有李、张、王、鲁、徐、唐等姓氏。小曼乃属于半山区，低海拔种橡胶树，高海拔种茶树，总共只有二三十亩雷响田可以种稻谷。古茶树全部位于三岔箐，十多年前套种有小树，有采摘茶果自己育的苗，也有在市场上买回来的苗。多数时候，都是张志华介绍小曼乃的情况，只有在吃不准的时候，坐在一旁的大儿子张长青才会及时补充。

心细的卫成新先生提前给主人交代了我的饮食习惯，吃饭的时候，碗、碟、筷子等餐具都是新的，主人还专门强调说："这些都是没有用过的。"张志华的孙子站在餐桌前，只顾着低头吃着手里的几颗果子。女主人低声跟孩子说："不能摘别人家的果子，那家会敲人。"这让我想起了自己小时候在乡村生活的场景，禁不住会心一笑。

天气溽热难耐，简单吃了点东西，顾不上午休，便准备上山去看茶。张长青叫来了同村的伙伴王钢，一人骑一辆摩托车，分别载着卫成新先生和我，沿着来时的水泥路飞奔而去。骑出去了一公里多一点，便右拐上了土路，听闻我感叹路不咋好走，张长青说："前面有个大长坡才叫陡。"又骑出去三公里，终于让我见识到了这段路途中最陡的一段，硬是沿着"之"字形土路来回拐着往山上攀爬。沿途他还不忘指着一棵花椒树说："这棵树的年龄比我都大了。"背阴的路段，地面上长出了绿油油的青苔，摩托车车轮几次三番干打滑爬不上去，我从车上下来步行往上走，张长青骑着摩托车加大油门冲上陡坡。一路都是穿行在橡胶林里，上到山顶上，放眼望去，橡胶林下套种有茶树，看不到割胶的迹象，橡胶似乎已经被放荒了。沿着山顶的小路骑出去一公里后，将摩托车停靠在路边的树荫下，脚下的小路通往前方的原始森林，接下来就要靠两条腿步行了。

走出去没多远，便一头扎进了森林里。眼前身后完全是两重天，置身于茂密的森林中，刚刚因烈日炙烤而生出的灼热感立马消失无踪。身处滋养万物的森林中，仿佛回到了人类祖先的家园，自由自在的感觉油然而生，内心充盈着喜悦，觉得浑身上下都畅快无比。脚下是厚厚的落叶，踩上去松软湿滑，需要时时小心。耳畔传来婉转动听的声声鸟鸣，不时飘来芬芳迷人的花香，成群结队的蜜蜂振动翅膀发出“嗡嗡”的声响，穿梭在花丛间忙着采蜜。为了生存繁衍，就连这小小的生灵也是忙碌不停。

沿着森林间幽深的小径步行一公里之后，头前带路的张长青和王钢毫不犹豫地岔入了左手边的小路，路旁立了块牌子，上书“森林抚育，注意防火”八个大字，自此开始沿着山坡上的小路下行。突然，两个年轻的小伙子不约而同地停下了脚步，蹲下身去用手拨开杂草，一大蓬洁白的蘑菇映入眼帘，餐桌上就此多了一道美味。

路边野生蘑菇

继续下行，时见倒伏的大树横在路上。前些时日刚刚下过雨，伴随肆虐的狂风，留下一地狼藉。行将进入雨季，热带雨林气候有着狂暴的一面。前方不远处，就是森林间的古茶园。古茶树在雨水的滋养下，爆发似的萌发出新梢。古茶园中有一棵树姿挺拔的古茶树，枝头尽是幼嫩的芽叶，随风摇曳，似乎召唤来人们快快采摘。两个身背筒包的年轻小伙子，身手敏捷地攀树而上，一面感叹采不赢，一面将采下的鲜叶随手装入筒包。待到他们从树上下来，拉着卫成新先生一起合影留念。意犹未尽的二人指着远处的山坡告诉我说：“那里还有一棵更大的古茶树。”顺着他们的手指望去，那棵古茶树隐约可见，但内心有个声音提示自己，应当量力而行。面前是浩瀚的热带雨林，脚下是崎岖坎坷的路途，想想今日

三岔箐古茶园

还有未竟的行程，不得不抱憾而归，一步三回首地踏上归途。

离开位于森林中的三岔箐古茶园，乘坐摩托车折返的途中，张长青突然刹车停在路旁，眼前数米开外，一条蛇吐着信子盘踞在路中间。顺口问他：“这蛇有没有毒？”他也只是摇了摇头。觉察到有人到来，它不

三岔箐古茶树合影

远眺小曼乃

慌不忙地转向一旁的山坡，蜿蜒游动而去。回到水泥路上，骑行出去不远，张长青再次停了下来。果如其所言，驻足之处，正好是欣赏小曼乃寨子风貌的最佳观景点。再度发动摩托车，车辆后轮剧烈摇摆，下车检视，原来是后轮胎不知何时已经磨破了。想想我们走过的路，还好有惊无险。张长青打电话叫来表哥载着我，一前一后骑行回到寨子里。没过多久，应援而来的修理工就上门补好了轮胎。

临近黄昏，张家雇请的采茶工满载而归。鼓鼓囊囊的背包中的鲜叶倾倒在竹席上，女主人将其摊放开来。张志华的爱人杨丽小他十多岁，寨子里人称赞他娶老婆是挖到宝了，杨丽里里外外操持各种活计都是一把好手。她早早就生好了火，将炒茶锅清洗干净，伸出手去试了试，待锅温适度，将称好的鲜叶倒入杀青锅，鲜叶下锅后噼啪作响，一旁的卫成新先生点了点头。早在十多年前，卫成新先生就开始大力推广斜锅炒茶，他提供给张家的那口杀青锅，至今都还在使用。大约二十分钟过后，杀青完成。出锅后的杀青叶摊放在簸箕上冷却，而后采用手工揉捻。采摘自三岔箐的古树茶鲜叶得来不易，

鲜叶摊放

上佳的原料备受珍视，每道工序都要精益求精，全靠人力手工制作，为的只是能求得品质更好的茶，毕竟这关乎一家人的收益，容不得半点掉以轻心。

炒茶

从茶地返回之后，就一杯接一杯地大口痛饮男主人用大壶泡好的古树茶，补充身体大量散失的水分。纵使这般泡出来的况味茶，仍然难掩茶质的出彩，唇齿间都弥漫着香甜的滋味，让人止不住地赞叹。

从小曼乃返回象明街，发生了一件与小曼乃有关的小事。时近 5 月底，正是当地一年四季当中最为酷暑难耐的时节。一位小曼乃茶农打电话给卫成新先生，说是要种苞谷，没钱买种子，请求他买自家的一点儿茶叶。茶叶卖了不到三千元，还是解决了茶农的燃眉之急。茶农送了一只自家散养的土鸡，还有一瓶自烤酒给卫成新先生，任凭卫成新先生好说歹说，怎么都推辞不掉。茶农执意放下东西，千恩万谢地走了。往后的日子，每天都有茶农来找卫成新先生卖自家的茶叶。

不得不说，六大茶山是当代云南最早复兴的名山头，有深厚的茶文化底蕴，是享有盛誉的普洱贡茶产地。但也并非每个村寨的古树茶都好卖。尤其是当下，一味追求越早越好，是普洱茶深陷困境的诱因之一。特别是 2023 年，4 月份古茶树遭遇干旱，死活发不出来多少。直到进入 5 月份，多数古茶树才发出来第一波，旺季来临得太晚，山上的茶商早都走光了。实事求是地说，5 月份开始的这一波头采的古树茶，因为持续晴好的天气，品质不差，价格实惠。单凭一个人，或一家企业，无疑是杯水车薪，难以解决茶农面临的困境。卫成新先生自家的仓库里面已经堆满了，消化不了茶农们积压的全部茶叶。

大山不会走近你，但爱茶人可以进山来。爱茶的你，能否感受到远山在呼唤，能否聆听到茶农的心声呢?

洪水河

“蛮砖山头采古树茶到这个月底就结束了。”卫成新先生说的这句话，让人听了心头一紧。心下思量，是得要加快步伐了，地域广阔的蛮砖茶山，星罗棋布的古茶村寨，每个都要实地走访一下。毕竟身临其境获得的切身感受，与从他人那儿听来的是完全不同的。

在过往十多年入山寻茶的经历中，2023 年的茶季显得异乎寻常。4 月份的古茶树几乎都不怎么发，进入到 5 月份，几场雨过后，持续的晴好天气，古茶树终于进入了旺采期。算节气的话，无疑是迟了些。然而许多古茶树都才是头拨萌发，卖相比不上 4 月份的茶，但细品后内质的表现相当不错，价格也回落了许多，算得上是经济实惠。习惯了按照节气时令采买春茶的厂商，早已经下山去了。苦了山上的茶农，面对姗姗来迟的采摘洪峰期，左右为难。算算采茶的工价，采乔木茶的话怕是划不着。就算是只采古树茶，也不容易找到人手，许多等不及的采茶工已经回家了。靠天吃饭的茶农，面对这种始料未及的情形，也只能默默劳作，就算说出来，未必有人肯听，难得有人会信，又能指望谁会伸出手来拉一把呢？

卫成新先生常年深耕蛮砖茶山，为人处世非常沉稳，做起事来的劲头更是让人叹服。眼见比我还年长几岁的他精神抖擞，就算是咬紧牙关也要跟上他的步伐。为了能够让我对蛮砖茶山多点了解，一天的时间，卫成新先生陪同我一起接连探访两个村寨。傍晚时分，我们离开小曼乃，张志华骑着摩托车头前带路，直到把我们带上岔路口，再三交代清楚路线后，才同我们挥手告别。我们走的是一条土路，导航上一般不会显示这种只有当地人才知道的路线。连续两次左转之后，卫成新先生说："我知道接下来怎么走了。"先前的一丝顾虑立马烟消云散。边走边聊，下午探访三岔箐洪水河古茶园的情形仿佛还历历在目。

当天下午，在小曼乃村寨的两个年轻茶农张长青、王钢的陪同下，探访了他们寨子管理的一片三岔箐古茶园。返回的路上，早早就规划好路线的卫成新先生打电话联系上了洪水河瑶寨的茶农李永林。几经沟通确认之后，我们沿着山脊上的小路继续往森林更深处走去。从张长青与王钢两人的对话中，我们得知脚下的这条路被小曼乃人称为易武路，一直延伸下去，通往蛮砖茶山瓦竜寨，汇入通往易武的茶马古道。走出去一公里后，眼前出现了一块牌子，上书"抚育林区，严禁侵占"八个大字，旁边一条岔路通往茶地。

三岔箐古茶园星散分布在这广袤的森林深处，原本是数百年前先辈栽种下的茶树，在普洱茶遭逢低谷的历史时期，被人抛荒后渐至遗忘。生活在森林周边村寨的茶农，在当代名山古树茶再度复兴之后，有意无意中再度把目光投向了养育茶山人民的森林，重新将遗存的古茶树管理起来。森林中的古茶园，再度给予茶山子民慷慨的馈赠。原本秉承谁发现谁管理谁受益的习俗，各自相安无事。可随着古树茶价值提升，埋藏在心底的欲望逐渐膨胀，在利益的驱使下，恩怨纠葛丛生。茶农的生计，森林的保护，世俗的情理，法规的施行……

方方面面的问题既要妥善解决，又要找到发展的平衡点，究竟是要将眼前的利益最大化，抑或是着眼长远的持续发展，这不仅考验施政者的智慧，更是开启民智、摆脱困境的命题。

一路攀上爬下后，每个人的体力消耗极大，停下脚步稍作休整，接过卫成新先生递过来的水杯，几乎是一饮而尽。卫成新先生笑说：“这也是减轻点负担。”看我背着沉重的单反相机，一路上都是卫成新先生帮我拿着手提袋。再次动身之前，卫成新先生又打通电话确认了一遍。在做事的细节方面，他总是给人留下深刻的印象。继续前行一公里之后，迎面招手的就是在此等候我们的洪水河瑶族茶农李永林。沿着斜坡上曲曲弯弯的路往下走，路过一棵硕大无朋的野生红毛丹树，前方映入眼帘的就是洪水河瑶寨人管理的一块三岔箐古茶园了。正巧碰上了瑶族的茶农扛着铝合金的梯子在采茶，采下来的鲜叶就放在临时搭建的工棚里的芭蕉叶上。鲜嫩油绿的青叶，抓一把在手中，手感混合了棉花与丝绸的特点，既绵软且丝滑。低头深深一嗅，扑鼻的清香中带着森林的气息。森林中的古树茶，以其深远

三岔箐古茶树

守护茶园的老人家

的山野气韵征服了无数爱茶人。

靠着工棚的柱子，一位瑶族老人家正在悠然自得地抽着水烟。暴汗之后，感觉整个人都要冒烟儿了，想要向茶地的主家讨碗热水，回答说：“不敢生火，附近大树上有个大马蜂窝，只要有烟冒出来，就会来攻击人。”前不久才被蜜蜂蜇过的我尚心有余悸，要是被野蜂叮了可不是闹着玩儿的。主人面前摆了半个西瓜，招呼我们切西瓜吃，自忖剧烈运动后自己的肠胃经受不住寒凉之物，只好婉言谢绝主人的好意。卫成新先生叮嘱茶农：“一定不要砍伐树木，保护好生态环境，否则茶就不值钱了。”

眼见天色不早，我们起身往回走。遮天蔽日的森林，一路上听闻头顶雷声滚滚，叫人胆战心惊，只能打起十二分精神匆匆赶路。天气闷热，汗如泉涌，一次次模糊了眼睛，擦都来不及，浑身上下的衣服都湿透了。卫成新先生笑说：“你这夏天把汗出透了，身上的小毛病就没有了。”我从来没有问他有没有行医资格，但他时不时会展现草药医生才有的本领，他曾经在大搪瓷缸子里用红糖水泡了一把新鲜的艾草，我痛饮之后，肠胃失调的症状居然神奇地有了好转。既往的经历，自然会建立起来深厚的信任度。

回程逼仄崎岖的小路上，先是遇上一辆迎面驶来的摩托车，真是艺高人胆大的骑手，更叫人服气的是后座上的人还背了一袋子鲜叶。“他明明已经很累了，还要肩背手拽着一大袋青叶。”卫成新先生总是有细致入微的洞察力。紧接着又遇上两位采茶归来的瑶族小姐姐，看到我手中的相机，立马警觉地用帽子遮住脸，微微露出的唇角掩饰不住盈盈笑意。擦肩而过的时候，还不忘叮嘱：“记得把我们的照片删了哦！”我笑着回应她们：“脸都看不着，不怕嘛，我还要发个朋友圈。”

路遇瑶族采茶女

放下手中的相机，方才回过神来，卫成新先生已经开车穿越橡胶林，沿着磨者河谷边上的砂石路一路疾驰。路过天生桥的时候，特意停车拍了一张照片。上次还是壬寅年冬月从瓦竜寨一路翻山越岭而来。继续前行，再度驶入茂密的橡胶林间的土路。先是路过一座通往易武的钢架桥，而后不远处就是一个岔路口，上行翻越高山，是通往瓦竜的路。沿着磨者河谷边上橡胶林间的生产道路直行，奔向洪水河瑶寨。

狭窄弯曲的土路，仅容一辆车通过，还好只是偶尔碰上骑摩托车归来的胶农。沿途入目皆是橡胶林，总也看不到尽头。卫成新先生说：“看到亮堂的天空的时候，就到洪水河瑶寨了。”行程近 20 公里过后，天色将晚，我们的越野车终于驶进了洪水河瑶寨。

寨子里热闹非凡，许多人家都在忙着炒茶，这个依山傍水的瑶寨处处都飘散着茶香。卫成新先生轻车熟路地来到了李永林家中。下午的时候才在三岔箐古茶园见过面，这个年轻的瑶族茶农已经骑摩托车先行一步回到了家中。那足足有 20 多公里山路，可是要比我们开车走的路难走得多。

李永林的弟弟已经给茶灶生起了火，就等哥哥动手炒茶了。卫成新先生称赞李永林是个炒茶的好手，这就不仅仅是褒奖了，对于洪水河瑶寨人来讲，能够吃上茶叶这碗饭，端稳手中的饭碗并不是件容易的事情。在象明彝族乡人眼中，洪水河不过是一个搬迁来的只有短短数十年历史的新寨子。当地有民谚：“桃子开花，瑶族搬家。”瑶族传统的生活方式耕息不定。属于洪水河寨子的行政区域内并没有古茶园，就只有位于森林中的三岔箐有重新管理起来的零散茶园，为此没少与小曼乃发生争端。就像卫成新先生感叹的那样：“都是为了生存。”他在晚饭的时候苦口婆心地劝诫他们：“如果是别的寨子的人先去管理起来的茶地，不要去跟人家争。”明明知道如果发生冲突，任谁都得不到好处。就像我们在三岔箐看到的一片古茶园，眼见是旺采的时候，却只能任其长老，白白浪费掉了。可想要彻底解决双方的冲突与矛盾，并不是件容易的事情。

李永林家当天采回来的古树茶鲜叶只有两锅，兄弟两个一人炒了一锅，早早就结束了当天的劳作。听李家兄弟说，洪水河村民也想建个寨门。极少为外界所知的洪水河寨子，也在想方设法扩大寨子的知名度。只是在寨门上打什么样的名字，还没有拿定主意。思量之后，我们给出了建议，寨门上打“洪水河瑶寨”的名号最具吸引力。李家兄弟低声对话，意思是还要考虑当地苗族人的意愿。

炒茶

听说卫成新先生来到了洪水河，寨子里的瑶族茶农纷纷围拢了过来。一位袒露上身，肌肉精壮的中年茶农向卫成新先生坦露心声：“您不来收茶的话，今年就一个人都没来了。”言辞恳切，流露出期盼的神情。众人更是争相给卫成新先生装茶样，即使卫成新先生再三声称“够了，够了”，却还是有茶农试图往自封袋中多装点茶样交给他带上。

驱车离开洪水河瑶寨的时候，已经夜色深沉。从寨子通往象仑公路的水泥路弯弯曲曲足有 11.5 公里。回到了坑洼不平的象仑公路上，车灯照耀下的乡村道路，将身后的茶山村寨与远方的繁华都市连通起来。往前进，脚下是通往美好生活的希望之路，是实现共同富裕的梦想之路。心中祈愿这一路茶香飘扬，沿途洒下欢声笑语，那才是茶马古道照进现实的最美写照。

八总寨

每年都是从春茶季开始，茶山迎来最热闹的光景，随着茶季结束，又回到安静的时光，周而复始，年复一年。

2023 年的茶季，显得与往年尤为不同。人们早早就期盼茶树发芽，春茶季却姗姗来迟。比起往年，古树茶的旺采期整整推迟了一个月。有人将它归咎于旱情，也有人将它归咎于闰二月，还有人认为这是人类在欲望的驱使下向大自然无穷尽攫取带来的恶果。

比起兀自争论不休的前因，更让人担忧与困扰的则是后果。习惯上，人们总是笃定地认为 3 月至 4 月才是春茶季。2023 年春茶季，整个 4 月份，古树茶就只有零星鲜叶，以至于承担不了预定下的那么多采茶工的开支，茶农无奈之下只好将一些雇工送回了老家。在路上不时会见到无事可做的采茶工三五成群地闲逛的景象。等到了 5 月份古茶树终于进入了采摘高峰期，采茶工立马出现了短缺。更叫人无奈的是来采购的客商早就下山了。权衡利弊得失之后，家有古茶树的只能尽着古茶树先采，至于能不能卖得出去，只能往后再说了。

5 月 19 日，卫成新先生早早开车载着仓才惠大姐和我前往八总寨，这也是蛮砖茶山的古茶村寨之一，在行政管辖上隶属于象明彝族乡曼庄村委会八总寨村民小组。路过八总新寨，特意拐上去逛了一圈儿。据说当年是为了预防地质灾害，村寨搬迁到了象仑公路边的这个团山包上。

继续沿着象仑公路开车往上走，沿途还有八总寨村民的住宅。路边有人朝我们招手，他是卫成新先生特意找来为我

八总寨远眺

们做向导的八总寨茶农朱畅盛。我们跟着朱畅盛，沿着一个不起眼的路口走进去，才走了不到二十米，就看到一家初制所的旁边有棵枝繁叶茂的大茶树，树下边用歪歪扭扭的竹篱笆围了起来，这就是八总寨最大的古茶树了。这可真是让人太意外了，过往十多年间，开车沿着象仑公路跑了无数趟，居然浑然不觉八总寨茶树王距公路边近在咫尺。有些时候就是这样，如果不是自己亲自走近去看，茶山的许多实际情况是你无论如何都意想不到的。

我们并不愿意止步于此，而是想要走得更远，了解得更深入一些。沿着林荫道一路前行，远处豁然开朗。半山坡上有一片平整的土地，同周围林木葱郁的景象截然相反，卫成新先生介绍说：“这里就是八总旧寨遗址。”原来居住在这里的人家举寨搬迁，先是搬迁到靠近象明街的团山包上，可许多人家又搬回了靠近老寨的公路边上，老寨的土地经过平整以后变成了庄稼地。

继续顺着山坡往上爬，坡很陡，路两旁遮天蔽日的树荫下遍布古茶树。等我们气喘吁吁地爬到山坡上，回望象明乡的方向，单反相机拍出来的照片仿佛涂上了一层淡淡的蓝色，我们肉眼忽略的地方，反而被相机敏锐地捕捉到了。岚山如黛的自然景色，意味着时令已经进入夏季，满身淋漓的大汗也在时刻提醒着我们季节的变化。

古茶树

眼前的一片茶园里竟无一棵大树，经受了

2023年春茶季酷烈的干旱，古茶树的老叶子几乎落尽，4月底和5月中旬连下了几场雨后，煎熬已久的古茶树重又发出了新梢，稀疏的黄叶像是耷拉着脸，一副无精打采的模样。附近林木下的古茶树，老叶子墨绿肥厚，发出的新梢翠绿幼嫩，闪现出动人的光泽。仓才惠大姐连声感叹："生态不好的茶要不成啊！"同处一地的古茶园，有些茶农只留下茶树，别的树木全都砍光，为的是追求产量；有些茶农听凭茶树混生在林间，虽说产量没那么高，但质量明显提升。观念的差异，派生出迥然有别的后果。

沿着脚下的路一直往前走，山连着山，前方就是属于曼松的茶山了。天地赋予茶不同的香气和滋味，物候变化与自然环境蕴藏着茶的风味奥秘。

下山途中路过一片竹林，茶农朱畅盛交代我们沿原路返回，自己顺着陡坡斜斜地走下去，说是要找些竹笋回家做菜。

相隔数日，卫成新先生为了让我对八总寨的古茶园有更多了解，又一次开车带我前往另一片古茶园，他连声称赞那是八总寨生态环境最好的一片古茶园。沿着象仑公路一直往上开，直到过了曼庄路口，再往上行驶一段，路边一条蜿蜒曲折的小路通往前方。修修停停的象仑公路，使沿途的村寨深受困扰，车辆驶过荡起的尘土使得路旁的草木蒙上一层灰色。侧身穿过杂草掩映的小路，转眼就变成了灰头土脸的模样。

沿途走出去老远，当听不到身后车辆的声响，此时已经置身于古茶园中。头顶是蔚蓝的天空，流动的白云变幻多端，时而对着苍茫的山林幻化成爱心的形状。在参天大树如华盖般的树冠笼罩下，古茶树萌发出勃勃生机。低头在古茶园中穿行，卫成新先生扬声呼唤着相熟茶农的名字，循着声音找到了茶地的主人。他停下手中的活计，带着我们在这片古茶园转了一圈儿。不觉间走出去老远，站在高岗上往远处眺望，隐约可以看到我们去过的八总旧寨古茶园。眼前有片乔木茶园，看样子栽种了十多年了，只是栽植太过密集了。卫成新先生说："想买点儿好茶不容易，要去看茶地，还要看茶农，人品好了才好打交道。"

采茶

回到位于象仑公路边上的八总寨茶农朱畅盛家中，他家老屋保留了下来，又盖了一栋新楼，邻着山坡建了一个茶亭，摆满了各色花花草草，透过浓密的树荫可以远眺象明，坐在亭子里喝着茶，吹着山风，时光美好，日子过得好不惬意。

卫成新先生有午休的习惯，这与他的经历有关。他是早年间象明乡为数不多的大学生，毕业后分配到供销社工作，从而养成了规律的作息习惯。供销社改制以后，他开始自主创业，致力于普洱茶行业，深耕象明乡四大茶山。毫不夸张地讲，早年间提起卫成新的名字，就连象明乡的老幼妇孺都无人不知无人不晓。多年下来，他在乡亲中积累下了极高的声望。茶农朱畅盛、张海燕夫妻两个早就收拾好了房间，于是我们也就跟着一起沾光，在这炎炎夏日的午后，美美地睡了个午觉。

午休过后，大家闲坐在茶亭里聊天，话题都是围绕2023年5月份的古树茶。5月6日立夏节气过后，天气一天热过一天。就只有5月中旬下了三天雨，前后都是连续晴好的天气。每个节气过后，茶叶都会发生微妙的变化。立夏后的茶叶，外形不如前期的好看，就其香气与滋味而言，仍然相当不错。伴随价格的一路下跌，性价比反而更高了。茶叶属实发得太晚了，许多古树茶才只是发出来了第一拨，错过了春茶的节气，没了客商惠顾，古树茶陷入了无人问津的窘地。受难以预料的自然气候影响，古树茶市况不如往年，纵使整体经济条件最好的六山茶农，也很难从容应对。其他茶山的状况，恐怕是会更难了。

当天采回来的鲜叶，当天就要加工出来。临近傍晚，八总寨茶农朱畅盛、张海燕夫妻两人开始生火炒茶。生活在这蛮砖古茶山上的茶农人家，家庭作坊式的茶叶加工，靠的就是夫妻搭档，以此维持一家人的生计。茶山生存最为重要的技能，就是炒茶，每道工序都要精益求精，没人敢在这个方面掉以轻心。儿童放学归来早，朱畅盛的小侄女跑过来看他揉茶，满脸天真地望向相机镜头，目光清澈，满是新奇与期盼。

手工揉茶解块

壬寅年冬月，会同象明商会会长卫成新与倚邦村委会老主任徐辉棋前往八总寨，相聚在权存安先生家中，闻讯而来的还有八总寨村民小组组长权维江。八总寨有 31 户人家，户籍人口 152 人。蛮砖茶山历来有“三丰四卫独一权”的说法，八总寨权姓人家就占了 12 户。此外还有丁、鲁、朱、唐等姓氏居民。古茶园占地面积有七八百亩，小树茶占地面积一千七八百亩。

权家祖上是江西人，早在盛清康雍乾时期已经扎根蛮砖茶山。子孙繁衍，开枝散叶，权家成了闻名乡里的大家族。现今主要分布在八总寨、么连寨和万亩茶场。

权存安先生出生于 1946 年，高小毕业后回家乡工作，任过会计、主任、支书等基层村干部。早在 1993 年就带头搞起村办企业，加工出来的茶叶卖给了州接待办。20 世纪 90 年代后期，自己摸索加工出了砖茶，就连做茶的模具都是自己做的，他专门拿出来展示给我们看。2000 年，他从村支书任上退下来之后，把全部的精力都投向了茶叶。易武老乡长张毅喊他去家里住了一个星期，专门学习压饼技术。每年采购一吨毛茶，加工一吨饼茶送到易武，按照市场价给一点代购和加工费用。他自己不断摸索，搞出了葫芦茶、金瓜茶。慕名而来的台湾客商连续四五年跟他采购茶叶。老人家自己说：“没有固定的客户，都是守株待兔。”现在说起来轻描淡写，在当年都是敢想敢干的艰苦创业历程。在我们的央求下，他转身回屋抱出了一大摞荣誉证书，笑言：“人老了，荣誉都没有用了，许多都甩丢了。”2006 年权存安先生注册了权记号,后来子承父业,两个儿子在中专毕业后都投身茶业。大儿子权晓辉读的是茶校，成家后在革登茶山新发寨创办了权记号陈香寨茶厂。小儿子权明辉读的是财校，成家后留在八总寨，名下是勐腊县权记号茶厂。

徐辉棋与权存安先生

老一辈的人总是闲不住，儿女都成家立业，权存安先生还是身体力行，把全部的精力都投到自己的兴趣爱好上，一门心思创制各种花色的茶叶。权存安先生与徐辉棋尤其谈得来，传授各种做茶的技法给他，每次看到他必然要叫他在家里吃顿饭。这次见到我们依然是欢欣如故，拿出来自己新做的普洱茶膏给我们看，还给我们每人泡了一杯他最拿手的得水活茶。玻璃杯中的茶叶经沸水冲泡后舒展开来，中间绽放出一朵洁白的茶花。人与人的相知，因茶而聚。茶与花的相依，得水而活。茶叙情意长，茶花香如故。

得水活茶

新曼拱

2023年5月中旬，接连下了三天大雨，雨后的空气像被洗过，清新甜润。数日后，赴新曼拱寻茶，住在村民小组组长普江伟家。清晨起床，站在二楼阳台上举目远眺，直线距离十公里开外，左手边望得见牛滚塘，右手边看得见倚邦街。每日里开着车到处跑，在象明彝族乡各个寨子里兜兜转转，只顾低头看路，原本望山跑死马的路程，有时候竟没有跑出视线外的地界。

象仑公路通往曼庄、新曼拱的岔路口新修了个蛮砖寨门，过寨门一公里处的大青树下分出两条支线，放置了两块刻了字的大石头作路标，左边通往曼庄，右边通往新曼拱。

过去十多年间赴蛮砖寻茶，曼庄没少去，却很少去新曼拱。戊戌年冬月，还是托了守兴昌号掌门人陈晓雷的福，才第一次到了新曼拱。在一户茶农家中，也是第一次喝到了桃子寨的古树茶，当时最深刻的感受就是茶好苦，但是回甘特别强，我几乎是不假思索地脱口而出："这简直就是古六山的老曼峨啊！"陈晓雷听到这样的评价哈哈大笑，这是他最钟爱的蛮砖茶了。听说去往桃子寨的路很难走，几年下来，也没能前往这块神秘的古茶园一探究竟。

壬寅年冬月，约同倚邦贡茶历史博物馆馆长徐辉棋同赴新曼拱，结识了新曼拱村民小组组长普江伟，几经商讨，普江伟同意带领我们去看看桃子寨的茶树王。普江伟开着四轮摩托车，车厢里放了两个竹篾编成的凳子供徐辉棋和我乘坐。出了寨子往象仑公路方向开出去一公里，右转驶向了生产道路，沿途都是坑洼不平的土路，也只有这种几乎是全地形设计的四轮摩托车走得了这种山区道路了。这种通过性极强的四轮摩托车，只考虑农用和运输使用，根本就没有设计载人的功能，一路都是颠起来飞奔。我们坐的凳子面太小，竹子骨架硌得屁股生疼。不坐下的话，感觉人都要被甩出去了。真是站也不是，坐也不是。沿途翻沟过坎，爬坡转弯，一路穿越香蕉园。约摸四公里过后，一头扎进了茂密的森林中。森林中的道路掩映在杂草丛中，沿着隐约可辨的车辙一路前行。大约两公里过后，车辆停在了半坡上。接下来，踩着厚厚的落叶一步一滑地往下走。山坳里面出现了一片古茶园，弯下腰穿行而过，眼前出现了一棵高杆古茶树，树干笔直插向云天。树干基部挂了块蓝底儿白字的牌子，上面标明“勐腊县象明乡曼庄村委会单株”，还有这棵古茶树的详细信息：栽培型茶树，树龄500年，树高22米，胸径25厘米。落款时间是2020年，责任单位是勐腊县林业和草原局。这就是茶农所说的桃子寨茶树王了。由于地处国有林内，这棵茶

桃子寨茶树王合影

树并不归属于茶农，所以每年并不一定会被谁采到手。听说在茶季来临之际，有人会在这棵茶树边专门搭个帐篷守着。这份热爱与执着，堪比热恋中恨不得天天耳鬓厮磨在一起的情侣了。我们从不会抱有这份不切实际的期待，能够看到这棵茶树已经心满意足，高高兴兴地回去了。

新曼拱在人文地理上归属于蛮砖茶山，行政管辖上隶属于象明彝族乡曼庄村委会新曼拱村民小组。1993 年，新曼拱寨子搬迁至现址。寨子里的人家，有的是从新曼拱旧家搬来，也有从砍懒寨、南囡寨、小曼竜搬来的。茶山历史上整寨迁徙的现象并不少见，在各个寨子之间来回搬迁也是常有的事儿。直到公路开通以后，才逐步稳定下来。随着普洱茶市场热度逐渐提升，六大茶山的村寨中吸引了不少来上门的女婿，

俯瞰新曼拱

有的姑娘出嫁后也不迁户口，以前迁出去的人家甚至想方设法要迁回来。正是得益于古茶树资源溢出的红利，茶山经济蓬勃发展，乡村振兴有了实实在在的产业载体，才有了如今茶山村寨兴旺的景象。

新曼拱村民小组有 35 户，户籍人口 155 人。寨子里有普、张、白、陶、赵、彭、卫等姓氏。分布在不同片区的古茶园都有茶农俗称的地名，如荔枝茶园、火烧茶园、平茶园、牛圈脚茶园、新寨茶园、竹瓦房茶园等。桃子寨古茶园属于国有林，古茶树可以采，但是不允许管理。

癸卯年春茶季，茶山遭逢酷烈旱情，农历闰二月似乎也有影响，整个 4 月份都只有少数古茶树萌发。4 月底与 5 月中旬两个时段的集中降雨，加上其他时段持续升温的晴好天气，古茶树终于迎来了爆发式萌芽。由于过了往年采摘春茶的最佳时间，茶价下跌，面对采茶人手短缺，工价又谈不拢的窘境，多数茶农已经顾不上采摘乔木茶了，就连古树茶也主要靠自己，能采多少算多少了。市场总会用它看不见的手起到切实的影响，纵使偏远茶乡，依旧如此。

一大早，趁着天气还算凉爽，普江伟打算带我上山看茶园，为此，他还专门从弟弟家换了一辆大马力的摩托车。穿过寨子，摩托车就驶上了土路，沿着“之”字形的山道往上攀爬，无数次我都感觉摩托车要翻了，艺高人胆大的普江伟硬是载着我骑了上去。山顶上就是平茶园，林木葱茏，风景如画。把车辆停放在路边，步入茶园，不久就看到了普江伟母亲的身影，她正在采茶。茶园的面积很大，就只有她自己在采，明显人手不足,眼见有些新梢已经长老了。听说曼松涨了工价，采茶工都被吸引了过去。5月份才发出来的头拨新曼拱古树茶售价不高，追涨工价后茶农赚不到什么利润，请工采茶不划算了。普江伟说：“发老了采不下来，就留着养树好了。”4月份天旱茶不发，5月份茶发了采不下来。眼见得2023年茶季产量与收入双双下滑，已经是板上钉钉的事情了。

普江伟骑摩托车载着我继续去往另一片茶地，眼前的这片茶地有十多个人采茶，正值茶园的旺采期，这样的情形才应景。茶园里有几棵挂牌保护的古茶树，主家在牌子上写上自己的电话，趁机打起了广告。原本是人工栽培型古茶树种质资源保护的举措，生生被茶农转换成了赚取更高商业利润的手段，给人上了一堂形象生动的茶山经济课，让人不得不佩服茶农灵敏的商业嗅觉和对策。

采茶的年轻情侣

一众采茶人中，有一对儿年轻的情侣。两个人围着一棵茶树，一边说话一边采茶，听着情话被采下的鲜叶，做成了茶想必会有着更甜美的滋味吧！乡村振兴，需要年轻人的参与，在家乡做茶能获得比去城市谋生更高的收益，年轻人自然而然地就会回到家乡。眼前的一幕，才是美丽乡村的现实写照。

不觉间已经时近中午，普江伟提醒我说：“天一热蚊子就多起来了。”眼见采茶人已经开始准备享用随身携带的午餐，我们也就回寨里去了。

普江伟家的茶室位于二楼，三面落地玻璃门窗，半月形景观台。坐在主泡席上，向外望是绿满山川的景色，低头看是茶盏中的水丹青。这样的生活，想必是无数人向往的吧！

晒青毛茶干茶

晒青毛茶茶汤

5月下旬，正午的阳光酷烈，坐在茶室里都能感受到周遭空气的灼热逼人。午休的时候，躲在房间里面吹空调，一年当中就属这样的时节酷热难耐了。这样炎热的天气，采茶人都还在茶园里劳作。比起劳作的艰苦，市场则显得更为残酷。囿于观念，5月份才头拨发出来的古树茶，价值不被买家认可，赖茶为生的茶农，在气候与市场环境双重不利的影响下，处于一种无可奈何的境地。就像眼前沉默屹立的古茶山，无言生长的古茶树，你看到的是皮相，可曾读得懂内涵吗？

临近傍晚的时候，暑气渐渐消退，在寨子里转了一圈儿。正逢周末，家长们纷纷到象明接回住校的孩子，奔跑喧闹的孩子们打破了寨子的宁静，整个寨子都呈现勃勃生机。

晚饭过后，普江伟与农春梅夫妻两人开始炒茶。鲜叶量大的乔木茶使用机械杀青，普江伟用的是朝天锅，几经改进，更适宜杀青的朝天锅逐渐取代了滚筒杀青机。古树茶的鲜叶数量不多，农春梅沿用手工锅炒杀青，为的是保证茶叶更好的品质，这也是当下茶农们普遍的做法。或早或晚，伴随着年轻劳动力数量的下降，人们受教育程度的提高，手工制茶终将退出历史的舞台。

炒茶

茶山上的人来了又走，沉默的茶山无言，静静看着一幕幕历史剧目上演，每个时代都变幻出不同的样貌，奏响人世间永恒的命运交响曲。

曼庄

农历癸卯年春节将至，象明茶山上的村村寨寨里，随处可见四下奔跑嬉戏的孩童，家家户户轮番请客，这是劳碌一年的茶农人家最为悠闲惬意的时光。

约同好友徐辉棋先生共赴蛮砖访茶，夜宿曼庄大寨农家。山居无梦到天明，最是让人身心愉悦。窗外叽叽喳喳的鸟鸣声将人唤醒，打开房门，沐浴在清晨的阳光下。主人卫成新先生仿佛洞悉了我的内心感受，笑眯眯地说："象明老茶寨，太阳出来就照得着。"世代生活在茶山上的人们，总是能够用看似平常的话，恰如其分地做出总结。这不独是日常生活经验的积累，也蕴含着深刻的生存智慧。曾几何时，僻处滇南热带雨林中的茶山，是让人谈之色变的蛮烟瘴雨之乡。江

曼庄大寨

西、湖广与四川等云南省外的客商，和石屏等地的省内客商，走夷方、上茶山，将这方土地上出产的普洱茶瑞贡天朝、货之远方，或行销内地，或远销边区，或侨销海外。从出入茶山的客商，到迁徙茶山的移民，外来汉人逐步深深扎根在这片土地上，与当地少数民族一起谱写出民族融合的茶马史诗。

早茶时分，曼庄村民小组会计丰敬堂急匆匆赶来。甫一见面，就迫不及待地说："马老师，能不能到我家一趟，帮忙讲解一下我家藏的那块石碑？有人来参观。"相识多年的朋友张口求助，肯定是遇到了重要的人物。我毫不犹豫就应承了下来，起身快步去往他家里。念旧的丰敬堂保留着青砖灰瓦的老屋，有一方石碑倚靠在老屋的墙角处，已经有十多人驻足观看，不时发出感叹声。经由丰敬堂引荐，才得知原来是勐腊县与象明乡两级地方政府的领导前来调研。相互握手打过招呼后，大家都稍稍向前聚拢，虽说是临时承担起解说任务，但对这块过往十多年间反复研读过的碑刻早就了然于心。于是花了二十分钟的时间，作了一个简略有致的讲解。握手告别时，县里来的领导特意叮嘱自己的办公室主任请文物专家来为这块石碑评级。这当然是个令人欣喜的兆头，或许这方流落民间许多年的石碑，未来能有一个确定的身份，蛮砖茶山也多了一层文化的光环。

送别来参观的人们，拉一把小凳子过来，坐在石碑前面，凝视着眼前的这方石碑，思绪穿越时空，在脑海中缓缓展开一幅流动的画面。雍正七年（1729）改土归流设立普洱府之后，时任云贵广西总督鄂尔泰推行新茶政，短暂地将外来客商逐出了茶山。仅仅四年之后，雍正十一年（1733），鄂尔泰的女婿尹继善受命接任云贵广西总督。离京赴任之前，尹继善拜见鄂尔泰，鄂尔泰对他面授机宜，尹继善通盘考虑后，向雍正皇帝进呈奏折，提出了自己的施政纲领，得到了雍正皇帝的首肯。其中就包括修订云南茶政，荐举倚邦土弁曹当斋管理茶山等内容。

伺机而动的茶商们迎来了转机，再度拥入茶山。汇聚在蛮砖茶山的各路客商，共同商议抱团发展，他们决议建造一座关圣行宫，关圣行宫又名蛮砖会馆，此事一举多得，既迎

蛮砖会馆功德碑正面

蛮砖会馆功德碑侧面

合了朝廷主流意识形态中对关羽的推崇，又契合了客商们在物质、精神方面的双重需求。来自石屏的客商，修书给在朝廷任职的两位同乡，敦请年长的翰林院检讨张汉为捐建会馆所立功德碑题写碑额，恳请户科掌印给事中罗凤彩为会馆撰写一篇序文。两人不负桑梓的厚望，张汉题写了遒劲有力的四个大字“功德碑记”，罗凤彩欣然落笔撰写了一篇文采斐然的序文。题碑撰文的背后意味深长，罗凤彩是在雍正元年（1723）鄂尔泰出任云南乡试主考官时中举，可算作是鄂尔泰的门生，可谁能想到，同年连捷考中进士的罗凤彩，数年之后，却以一篇文采斐然的序文宣告鄂尔泰茶政的失败，历史总是会有出人意料之处。于情于理，石屏同乡都会为张汉奉上润笔与茶礼，张汉确实也写过多篇吟诵普洱茶的诗文，字里行间流露出对普洱茶、六大茶山、倚邦与蛮砖茶山的青睐。“蛮砖茶喜供银汁，吴井泉宜漱玉川”，有意无意之间为蛮砖茶代言。修建蛮砖会馆声势浩大，管理四座茶山的倚邦土司曹当斋也奉银 4 两捐助，来自江西的客商丰大裔以 33 两的捐银数额展现出了丰厚的财力，丰姓、权姓、卫姓等大姓都有多人捐资以助，就连世居当地的百姓也都出资捐助，参与捐资的逾 200 人，花费总额达到 360 两之多。管事会长高板柱、严珍统筹负责建设会馆的事项。历经数年的建设，乾隆六年（1741）春正月朔日，蛮砖会馆落成，参加庆典的人们兴高采烈，欢欣鼓舞。张汉题写的碑额，罗凤彩撰写的序文，曹当斋、丰大裔等捐资人的姓名都被镌刻在了功德碑上，一段历史图景就此被保存下来。近三百年后，当我们解读这方石碑后，仍然可以知晓曾经在蛮砖茶山上发生过的真实历史事件。

将缥缈的思绪从过往的历史中抽离出来，已经是中午时分，眼见我对茶山上遗存下来的碑刻兴趣浓厚，卫成新先生便说："蛮砖茶山地界的茶马古道上，还留有一块石碑。"这话立马勾起我的好奇心，于是与友人们相约共同前去实地考察。午饭的时候，卫成新先生打了一圈电话，为下午的考察做准备。待一切准备停当，徐辉棋先生骑着从对门邻居家借来的四轮摩托车，我和卫成新先生一人搬了一个竹编的小凳子，手扶驾驶员背后的护栏坐在车斗里。这种四轮摩托车是茶农们干活时最常用的工具车，时速虽然有限，但是马力大，具有超强的越野性能。曼庄大寨的茶农丰建兵骑摩托车载着卫成忠头前带路，两轮摩托车与四轮摩托车一前一后离开寨子，沿着田野间的土路向深山更深处驶去。蛮砖茶山地域辽阔，四轮摩托车先是一路顺坡下到谷底，跨过溪流上的一座小桥，又开始迂回曲折地沿着山路奋力往上爬。路面坑洼不平，徐辉棋先生有着丰富的山地驾驶四轮摩托车的经验，尽量选择好一点的路面行驶，即使如此，也常常会有无可避免的颠簸，每次都感觉连人带凳子左右晃动，若非牢牢抓住驾驶员背后的护栏，怕是早就连人带凳子甩了出去。穿越背阴的路段时，地面湿滑不堪，迎面吹来的风带着深深的凉意。穿行在朝阳的路段上，浑身上下都是暖洋洋的。直到这个时候，我才意识到选择四轮摩托车是何等英明的决定，这是道路交通条件所能容纳的上限。行驶过程中，还要不时低头躲避道路两旁侧向生长的灌木和杂草，还有从路边大树枝椏上垂下的藤蔓。六公里过后，两轮摩托车与四轮摩托车相继抵达了可供车辆通行的道路尽头。

接下来，完全要靠两条腿走路了。徐辉棋先生伸手接过我的单反相机与支架，让我能减轻负担，轻松点走路。茂密的热带雨林中，不时会遇上柚子树，枝头硕果累累，成熟的柚子掉落一地。这一幕让人看着颇为惋惜，卫成新先生安慰我说："这棵树上的柚子不好吃，太酸了没人要。"行走的途中，徐辉棋先生从地上捡起一颗植物的块茎，介绍说："这个就是苦黄精，过去都会拿回去拌在米饭里，味道虽然不好，但是能增加食物的分量，填饱肚子。"越往上走，坡面越加陡峭，翻过一个奇石嶙峋的岔口后，继续沿着崖壁间的羊肠小道走，逐渐可以看出脚下石头铺就的路面，以及牛马踩踏形成的凹痕。道路狭窄逼仄，留神察看，能够看出路边尖锐的岩石棱角都被人有意敲掉了，为的是往来的行人及驮运货物的牛马的安全。走过了两公里的山路，沿着脚下若隐若现的石板道一路寻找，终于在路边的一块巨石下面找到了我们心心念念的石碑。

随身携带着砍刀的茶农丰建兵与卫成忠一起动手，将石碑周围的杂草灌木清除干净。而后，又用大瓶纯净水浇淋石碑，再拿抹布轻轻擦拭，石碑上的文字立马就变得清晰起来。碑额上横排镌刻着一行字：修路功德碑记。右起竖刻的第一行字：蛮砖寨众奉银五两。中间竖刻的一行字中，有两个字非常模糊，经由徐辉棋先生俯下身反复辨认，最终确认这行字为：蛮砖砍懒奉银十四两。竖刻的第三行字为：慢林寨众奉银五两。落款为乾隆六年（1741），月份被苔藓遮蔽无从辨识，末尾两字为：吉旦。这可真是让人欣喜的发现，小小的一方石碑，无言地诉说着近三百年前一段茶马古道的往事。

茶马古道蛮砖山砍懒段修路功德碑

雍正五年（1727）至雍正六年（1728），时任云贵广西总督鄂尔泰进呈给雍正皇帝的五份奏折与雍正皇帝的批复中，将引发改土归流设立普洱府的事件讲述得清清楚楚。其中反复提到了六大茶山，以及茶山的村寨，涉及蛮砖茶山的就有慢林。雍正七年（1729）改土归流设立普洱府之后，外来的汉族客商被短暂地逐出了茶山。但是没有过去几年，这种不切实际的僵化政令就难以为继。继任云贵广西总督尹继善因地制宜对茶政进行调整后，外来的客商再度卷土重来，在茶山站稳脚跟。历经数年的筹备建设，官员、客商与土民都参与到了兴建蛮砖会馆的事项中，乾隆六年（1741）春，蛮砖会馆落成。商贾云集，络绎不绝。茶业的兴旺，促进了道路建设。中途经过砍懒寨，两端连接蛮砖寨、慢林寨的道路日显重要，包括汉人与土民在内的蛮砖、砍懒与慢林寨众集资兴修了这条道路，并且竖立起了这方修路功德碑。看似不起眼的小小的功德碑，实际上有着非同凡响的意义。改土归流设立普洱府后，普洱就已经跻身于贡茶的行列。更早的时候，商人们已经以身犯险深入茶山贩运普洱。僻处边地的茶山恶劣的交通条件影响茶业的发展。在贡茶的引领和商茶的推动下，由蛮砖寨、砍懒寨与慢林寨众筹资兴修的一段茶马古道，预示着普洱茶兴旺发达的时代即将来临。目前所见，这方小小的功德碑是茶马古道上遗存下来年代最早的文物之一。密如蛛网的茶马古道连通了茶山的村村寨寨，不断向外延伸，远届京师、边地与域外。如今茶马古道勐腊段已经入列全国重点文物保护单位，这方修路功德碑无意中成了六山地域内茶马古道最早的实物见证。

茶马古道蛮砖山砍懒段

闻听这番解读之后，同来的众人无不欢欣鼓舞。于是向卫成新会长提出建议：筹集资金对这方功德碑妥善加以保护，恰好功德碑背靠一块巨大的岩石，可以在岩石上雕刻出蛮砖、砍懒至慢林段茶马古道的路线，将其命名为茶马古道砍懒段。以后来到蛮砖茶山的人们,可以在这段茶马古道上走上一遭，实地领略茶马古道的风情和深厚的文化底蕴。

考察结束后，收获满满的一行人原路返回。徐辉棋先生带着捡到的苦黄精，卫成忠怀抱了五六个现摘的大柚子，下到路上，再次分头骑乘来时的两轮摩托车与四轮摩托车返回曼庄大寨。

入夜时分，大家选择在茶室聚会，围坐在茶台前，闲话往事。父辈的卫家大爹无意中提起自己手中保留有家谱，立马引起了众人的关注，卫家大爹起身去拿来《卫氏家谱》。卫家自民国时期来到蛮砖茶山，祖父卫崇义给在曼庄做茶的杨聘号帮过工。到了第三代，共有兄弟姐妹五人。老大卫成新大学毕业后分配到象明供销社工作，后来被提拔到易武供销社做领导。2003 年供销社改制后全员下岗。得益于工作期间收购茶叶打下的基础，赶上了普洱茶市场热度提升，卫成新的茶叶生意覆盖了易武、象明两大主产区，成了象明乡村村寨寨妇

蛮砖茶园

孺皆知的做茶大老板。即使经历了过往疫情三年普洱茶行业的低谷期，他依然毫不犹豫地用大笔的资金从乡亲们手中收购囤积了在旁人看来天量的古树茶，建起了六大茶山的原产地茶仓，为后疫情时代普洱市场的回温做足了准备。

遥想雍正七年（1729），云贵广西总督鄂尔泰改土归流设立了普洱府，受命于当年开始编纂《云南通志》，至乾隆元年（1736）成书，书中载曰："（普洱府）茶，产攸乐、革登、倚邦、莽枝、蛮耑、慢撒六茶山，而以倚邦、蛮耑者味较胜。"仅仅数年之后，乾隆六年（1741）蛮砖会馆落成，官商民共襄盛举。同年，连通蛮砖寨、砍懒寨至慢林的茶马古道修建完成，三寨民众立碑铭记。史籍的记载与留存的文物相互印证，让后人得以窥见蛮砖茶山兴盛的图景。近三百年之后，我们仍然可以从典籍中品读蛮砖茶山的悠久历史，从文物中领略到蛮砖茶山的厚重底蕴，行走在茶马古道蛮砖砍懒段上感怀往事，深入古茶园探寻蛮砖茶风味殊胜的奥秘，品味蛮砖古树茶，感受普洱的磅礴风韵。

蛮砖茶山这方普洱的乐土，还有热情好客的蛮砖人家，盼望春风带来佳讯，古树茶飘香的时节，五湖四海的爱茶人前来寻源问茶，那是茶人们欢庆的日子，那是人间最美的四月天。

么连寨

2023 年 5 月中旬，久旱的茶山，期盼已久的大雨从天而降，刚刚还备受旱情煎熬的茶农，又开始担忧雨下个不停。在这八方共处，衣食仰给茶山的普洱贡茶之乡，有俗话说：“天干了，茶不发。雨多了，茶不干。”连日来的大雨，已经下到人们心里去了。

三天降雨彻底终结了旱情，雨过天晴，气温飙升，纵使身处蛮砖高山上，前半夜也开始溽热难耐，只有到了后半夜凉了下来，人才能睡得安稳。吃早餐的时候，卫成新先生说：“照这样的温度，茶叶就要大发了。”看天气预报，接下来一直都是晴好的高温天气。可这茶叶旺采期姗姗来迟，茶山上已经见不到客商的身影，就只有茶农们还在默默劳碌。相比往年茶季的热闹非凡，2023 年进入了旺季的茶山，忙碌中带着几分冷清，显得尤为特别。

地域广袤的蛮砖茶山，寨子与寨子山水相连，茶农与茶农血脉相连。曼庄地处蛮砖茶山的中心位置，过去就叫蛮砖寨。乾隆六年（1741），从蛮砖寨途经砍懒寨到慢林寨的茶马古道修通后，在砍懒寨段立了一方修路功德碑，碑上铭刻的就是蛮砖寨。同年，蛮砖会馆落成，所立的功德碑遗留了下来。会馆的位置选择了蛮砖茶山蛮砖寨，命名为蛮砖会馆也就顺理成章了。这方六大茶山现存年代最早的蛮砖会馆功德碑，也是外来客商扎根茶山的历史见证。当年捐建会馆出资人的姓名，密密麻麻地刻在了功德碑上。当地人引以为豪的有三大姓，并用了一句话来概括：“三丰四卫独一权”。丰家与权家的先祖都是江西籍，卫家的祖上是石屏籍。各家相互联姻，由来已久。茶山上的人家，略加打听就会知道，都是亲戚套亲戚。汉人的传统，无不盼着家族人丁兴旺。茶山的习俗，门户多了自然分寨。丰姓分做三支，搬去么连寨的是大丰家，留在曼庄的有大丰家，也有二丰家，搬到小曼竜的是三丰家。依照传统习俗，过去丰姓的族长都是由大丰家担任。

曼庄与么连寨相距并不远，沿着小路步行的话，十几分钟就走到了。老人家说：“么连过去叫‘摸林’，远远望过去林子又黑又密，摸索着进出，后来才改的名儿。”习惯了现代交通工具的人们，开着车出曼庄的寨门，沿着公路跑上一公里，再往右转进么连寨，生生绕了一大圈儿。

三角梅

卫成新先生开着越野车，载着仓才惠女士连同我一起去往么连寨。沿着早年间用石头铺成的路，直接把车开到了他在么连寨的初制所内，这是他倾注了很多心血的发家地。“在山头茶最红火的那几年，整个象明乡茶季最忙的就是这里了，每天都是大车往外拉茶，一年要做几百吨茶。”卫成新先生总是笑眯眯的，说起往事也是一副波澜不惊的表情。初制所门口有棵大树，顺着大树枝干攀爬生长的三角梅花开满树，在热辣的阳光下开得恣肆灿烂。

顺着小路一直往下走，就是么连寨最有名的荔枝树古茶园了。这片古茶园还真是有一棵硕大无朋的野生荔枝树，粗壮的树干两三个人手拉手都未必搂得住。曾经有人专门来考察过，声称这是全世界最大的一棵野生荔枝树。卫成新先生说："以前荔枝熟了掉下来，还有孩子们捡吃，酸得很，现在没人吃了。"缘由很简单，嘴上说野生的好，爱吃的都是甜美的栽培型品种。茶也一样，好喝的都是历经反复驯化的人工栽培型古树茶。先民们的辛劳没有白费，六山的普洱茶曾经征服了口味最挑剔的大清皇帝，成为了名遍天下的贡茶。如今更是以其卓绝的品质俘获了世人的内心，成为普洱茶友的终极追求，引领了普世的饮茶风尚。

野生荔枝树王

碰到一位老人家在茶园里采茶，爱茶的仓才惠大姐忍不住自己也动手采起茶来，临走的时候，把采下的鲜叶都装进老人家的筒包。同处一片古茶园，有的人家只留下自家的茶树，砍光了其他树木。有些人家的茶树就生长在丛林中，凭任其自然共生。卫成新先生说：“买茶，不光要看茶，还要先看看茶地。”

采茶

古茶树几乎都位于陡坡上，自然生长的茶树千姿百态，有些望天生长成了高杆茶树，有些茶蓬如伞展开。采茶工搬着梯子在茶园里来回穿梭，攀上爬下地

茶青

逐棵采摘鲜叶。坐在地上休息的空当，采茶人递过来出门时背来的热水壶，招呼我们喝口热水解解渴，这是茶山上惯常遇到的情形，是随时都会领受到的好客乡情。

卫成新先生带领我们穿越林间的小道，翻沟过坎，来到了他姨妈家的茶地。只见她爬上树去，掏出随身背来的布带绑牢稳，才开始动手采茶。我忍不住感叹："这是我在山上见过唯一绑安全带采茶的了。"卫成新先生与仓才惠大姐听了止不住大笑。他姨妈解释说："爬上爬下采古树茶，梯子来回搬不赢。"

蜂箱

再往前走，路过卫成新先生舅舅家的古茶园。茶园里放置有蜂箱，眼见他们径直走了过去一点事儿都没有，好奇的我拿起相机拍照。刚抬起头，一只蜜蜂迎面直冲冲飞了过来，在我的额头上狠狠叮了一下，如梦方醒的我狼狈不堪地连忙蹿了过去。待我停下脚步，卫成新先生凑上前来，悉心观察后拔掉我额头上残留的蜂针，然后安慰我说：“不用怕，被这种蜜蜂叮了不要紧。”虽然额头只是隐隐作痛，还是心有余悸。

回想以前来蛮砖茶山，就是在么连寨古茶园不经意被虫咬了，从手臂到后背红肿了一片，又痛又痒，过了好几天才痊愈。似乎每次到么连寨古茶园，这些大自然的精灵们总是要给我留点儿“纪念”。就在胡思乱想的当口，手臂上又传来钉扎般的刺痛，原来是一只黄蚂蚁咬了我一口。都不知道它是何时钻进了衣服里，任是我穿了长袖衬衣都没能挡住它一往无前的脚步。

捏死了这只咬人的黄蚂蚁继续前行，卫成新先生突然停下了脚步，从草丛里捏起一只肚子圆滚滚的黑蚂蚁，告诉我这只在他指尖挣扎的是油蚂蚁：“这个是高蛋白，很好吃的。”话音未落，他就掐头去尾，丢进嘴巴里嚼嚼吃了。这突如其来的操作，看得我有些目瞪口呆。大约是眼角的余光瞥见了这一幕，仓才惠大姐“咦”了一声，头也不回地朝前走了。卫成新先生一本正经地说：“这个油蚂蚁很香的。”说完又抓了一只油蚂蚁，如法炮制后放入口中咀嚼，一副津津有味的表情。以往只是听闻茶山生活的人们能够享用自然界的各种美味，身经心历后方才洞悉背后的本质，遵循自然的生存法则，人就会掌握各种各样的技能。

壬寅年冬月，就曾约同卫成新先生一道去往么连寨。么连寨在人文地理属于蛮砖茶山，行政区划上隶属于象明彝族乡曼庄村委会么连寨村民小组，么连寨村民小组组长丰如松就是大丰家的后裔。丰如松组长唤来了会计李远东、村民夏凯兵一起喝茶聊天。夏家在民国时期曾经获颁过一块“力行善事”的木匾，后来为了避祸劈成柴火烧掉了。1998 年，么连寨从旧家搬到了现址。么连寨村民小组现有 40 户，共 142 人，几乎家家都有个姓丰的，此外还有杨、夏、权、李等姓，多数都归入彝族，古茶树面积超过 1200 亩，乔木茶面积超过 3000 亩。得益于多年来普洱茶行情上涨，拥有丰厚古树茶资源的么连寨村民过上了富足的好生活。

2023 年 5 月份访茶么连寨，从茶园回到寨子，再度来到丰如松组长家中。正逢茶季旺采期，家家户户都忙碌不停。虽然错过了农历节气的春茶时令，但此时头拨才发出来的古树茶依然是茶农的衣食所系，容不得有半点儿掉以轻心。丰如松的爱人代茜榕既要操持家务，还要与丈夫一道做茶，里里外外忙个不停。她先是生好了火，炒茶都交由丈夫丰如松。茶炒好出锅的时候，她早早就端着簸箕等待在一旁。略加摊晾后，

揉茶

又手不停歇地将茶揉好。分做两簸箕撒茶，端出去晾晒。年复一年，每逢茶季，茶山上的农家，上演的都是相似的一幕。夫妻搭档做茶，勤勤恳恳劳作，才是茶农日常生活的写照。就像这眼前的晒青毛茶，看似貌不惊人，内里却蕴藏着百般滋味，只有深谙背后故事的人们，才能洞悉茶中真味。

丰如松年迈的母亲精神矍铄，操劳了一生的老人家，养成了每日劳动的习惯，仍然坚持做些力所能及的活计，白天坐在院子里挑茶，临近傍晚收拾停当后结束当天的劳作。坐在自家门口，点燃一锅旱烟，美美地抽上几口，笑意盈盈地望着门前来来往往的人。那份历经岁月洗礼的恬淡，那份安然度日的惬意，就是茶山最美的风景，是世间最动人的画面。

茶山老人家

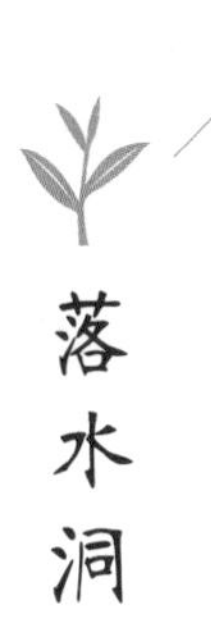

落水洞

每年自春茶季开始，茶山上迎来一年当中最热的季节。3 月份的天气是白天热晚上凉，4 月份的天气是白天酷热，晚上溽热，要到后半夜才会凉下来。进入 5 月份，白天烈日灼人，晚上暑气不减，正是热到极致的月份，偏偏 2023 年茶叶的旺采期迟至 5 月份才到来，可真是应了“热火朝天干劳动”的老话。同样都是春茶季，许多贵新、贵早、贵嫩的名优茶产区都处于一年当中气候最宜人的时节，偏偏出产古树茶的云南名山名寨却处于一年四季中最热的时节，这还真是有太大的不同呀！

2023 年茶季最让人闹心的就属 5 月初立夏以后开采的古树茶了，天气干旱，又赶上了闰二月，半数以上的古茶树都是进入了 5 月份才发出了第一拨茶。好在遇上了难得的晴好天气，非常有利于采茶，可是做出来的茶失去了往年发白的可人色泽，干茶看上去色泽黝黑，但冲泡后香气与滋味依然出色，可惜识货的人不多。多数人都囿于按节气区分茶叶的思维。一些做茶的人要么是缺乏对比，对此一无所知，就算是知道了，也选择视而不见，只是苦了赖茶为生的老百姓。2023 年 5

鲜叶

月份的古树茶，说什么的都有，有称为二春头采的，有称为夏茶头采的，更过分的莫过于蔑称为雨水茶的。其实有许多名茶，都是立夏以后才开采，默认的名称都是二春茶，按节气划分，称作夏茶也不是不可以。但是云南西双版纳茶区位于热带与亚热带，一年当中并无明显的四季，主要分为旱季与雨季。2023 年的 5 月份，就只有 5 月中旬下了三天雨，前后都是烈日当空的晴朗天气，又怎么能算作是雨水茶呢？本来就是借用春茶的名字，为的是方便销区人理解，这下可好，反而成了套在自己身上的枷锁，实事求是说来容易验时难。

象明彝族乡的四座古茶山，尤以蛮砖茶山的古茶园面积最大，这多亏了历任基层村干部，他们朴素地认为：“老祖宗留下的茶树砍不得。”他们顶住压力保护古茶树，蛮砖古茶树因而被砍烧得很少。只是在后来包产到户以后，为了多打些粮食填饱肚子，有些农户开荒种庄稼，烧懒火地的时候，影响到一些古茶园。具体到各个村寨，都有不止一片古茶园。古茶园面积大，总产量自然更多，是故蛮砖茶山古树茶在象明彝族乡的四座古茶山中性价比更高一些。

时近 5 月底，眼见 2023 年头拨古茶树的采制即将进入尾声，在象明商会会长卫成新先生的带领下，我们每日都往返奔波于蛮砖茶山的各个村寨，用自己的脚步丈量茶山，逐个记录古茶村寨的市况。在过去公路还没有通车的年代，去往蛮砖茶山的各个村寨，全部走通一遍要四天的时间。如今有了汽车代步，但还是要花去大量的时间和精力，才能实实在在地了解到每个村寨的真实情况。

沿着象仑公路驱车直奔落水洞，寨子周边都有古茶园，在通往洪水河瑶寨的岔路口右转，一路上我们都在留心查看路标。这次要去看的是落水洞茶农屈丙文家的一块茶地，他在电话里说："过了三公里界桩一百米就到了。"茶地边刚好有块空地方便停车，下车后沿着小路往下走，穿过一片橡胶林，眼前就是一片古茶园。爱茶人看到橡胶林都会心生担忧，屈丙文掷地有声地说："旁边这片橡胶林不打农药，不然我就去采他家的古树茶。"农民总是会用最简单的方法达成邻里之间的利益平衡。

眼前的这片古茶园分属于好几家，包产到户以后，随着一辈又一辈后代长大成人，儿孙成家立业后不断分家，茶园持续不断地分割权属。传统传子不传女的旧俗正在逐步瓦解，儿女们或多或少都可以分享到权益。家庭人均拥有古茶树的资源多寡，普洱茶市况的好坏，都会影响到茶农的收益。市场、资源与人口，每个要素发生变化，都会影响到当下农业经济业态的走势。身处其中的茶农，主动或被动地进行调整，应对不断变化的生存挑战。

外来者眼中采茶充满了诗情画意，实际上茶季年复一年来临，当地人觉得日复一日的采茶工作简单又枯燥。茶农高卫国抱着他豢养的宠物鸡来到了茶园，镜头中的他满脸开心，想必是有宠物相伴给他单调的劳作增加了许多乐趣。宠物鸡会吸引同类野鸡的到来，遇上相互吸引的异性会上演一场柔情蜜意的恋爱，遭遇同性相争免不了会打上一架。

茶农和他的宠物鸡

宠物鸡

回程的路上，快要抵达象仑公路的时候，卫成新先生停下车，指着路边山坳里的一片茂密树林跟我说：“沿着小路上去，这里面是落水洞生态最好的一片茶园。”卫成新先生出生在曼庄，这是新中国成立以后才改的村名，以前就叫作蛮砖寨，历史上一直都是蛮砖茶山的中心。他对于蛮砖茶山有特别深厚的情愫，几十年做茶的经历，使他熟稔蛮砖茶山各个村寨的茶园分布情况，对每片古茶园都了如指掌。

他将车辆径直开到了落水洞寨子里，沿着路边的台阶爬了上去，上面一条街道，门对门分布着两排住户，其中一户就是屈丙文家。早年间盖的一层瓦房，为了扩大室内空间，接着往外搭建了一层简易棚。狭窄的街道，低矮的房屋，这是多年前茶山上常见的景象。街区格局与房屋建筑通风不畅，经受不住烈日曝晒，室内闷热得坐不住人，搬个板凳坐在门口略微好过一些。烧一壶开水，抓一把落水洞的古树毛茶投进盖碗里，拿出各自随身携带的主人杯，最简约的工夫茶式泡法，就开启了一段下午茶时光。

临近傍晚的时候，屈丙文开始生火炒茶。许多年前他就给卫成新先生供毛茶，家里还有一口用了十多年的炒茶专用斜锅，那也是早年由卫成新先生统一给各家初制所配备的。待他媳妇将炒茶锅清洗干净，他方才接手炒茶。他对自己炒茶的技术相当自信，当天的古树鲜叶只有两锅，他自己炒了一锅，换人炒了另一锅，换人炒的茶出锅的时候，他认为晚了几分钟。当时我并不在意，直到后来他送茶过去，开汤品鉴之后，换人炒的茶入口滋味略显青苦，汤水轻薄，印证了炒茶时屈丙文做出的判断。炒茶不仅考验技艺，还看重经验的累积，看似不起眼的微小差别，做出来的茶却品质悬殊。

炒茶

2 月下旬，行知茶文化讲习所的学友一行到访象明，大家相约在卫成新先生茶厂二楼的品茶室茶叙。卫成新先生请大家品鉴的是有十多年陈期的蛮砖古树茶，以前他公司的名称是古滇蛮茶业。直到 2023 年，才正式更名为易顺号茶业。

改变的只是企业的名称，不变的是他二十多年痴心不改事茶的初衷。历经岁月的沉淀，当年买下来做厂房的粮仓，已有了六大茶山原产地茶仓的金字招牌。回顾过往，他直言2010年之前的蛮砖茶没有分得那么细，各个村寨出产的古树茶全部都拼配在一起来做。当我突然问他最爱蛮砖茶山哪个村寨的茶，他毫不迟疑地回答："只要是蛮砖茶山的古树茶，我都喜欢。"谈笑风生中轻松化解了难题，引得大家笑声一片。他的回答，就如同我们品饮的蛮砖古树茶，有着层次丰富的深长韵味。

癸卯年正月初七，约同倚邦贡茶历史博物馆馆长徐辉棋先生一起到访落水洞。落水洞村民小组组长杨乔生为我们介绍：人文地理上的蛮砖茶山落水洞，在行政上隶属于象明彝族乡曼庄村委会落水洞村民小组。落水洞村民小组总共有41户人家，161口人，以前是香堂人，后来都归为彝族。寨子以杨、李二姓居多，还有田、罗、何、张等姓。寨子几经搬迁，1971年搬迁到落水洞老寨，2003年搬迁到现址。村民们原本居住得很分散，来源也不相同，落水洞有几家，曼迁有几家，畜牧场有几家，1995年合在一起叫松树林，2003年并入落水洞，2014年才把公章名称改回落水洞村民小组，全部人家的户口本与身份证上都还写的是松树林。古茶园全部都在落水洞旧家片区，当初包产到户的时候，古茶树密的土地面积分小一点儿，古茶树稀的土地面积分大一点儿。古茶树面积不到200亩，春茶总产量最多有两吨。乔木茶面积总计有800亩，老寨、新寨都有。

壬寅年秋月，与一众友人相约到访象明彝族乡落水洞。香堂人素以能歌善舞闻名乡里，闻听芦笙非遗传承人田小宝家就在落水洞，我们请他前来一展才艺。就在茶农家新建的楼顶，身着民族服装的田小宝跳起了三跺脚，吹奏芦笙，末了边弹三弦边唱起了象明山歌：

清早么爬起望四方，四面八方么是茶山。

眼前么看见茶叶绿，鼻子闻着么茶花香。

一进象明是茶花香，四大茶山么在彝乡。

要看颜色是嫩的好，要喝味道么老的香。

田小宝吹奏芦笙

田小宝演奏三弦

曼迁

爱茶人向往的茶山，入目都是诗情画意。茶季时在山上漫步，深吸一口新鲜的空气，都能感受到茶的香味，身心都陶醉在茶乡的山野中。

在这八方共处的象明彝族乡，赖茶为生的人们年复一年期盼着茶季的到来。茶山上的人顾不得停下来欣赏自然风光，他们面对的不但是茶季的劳碌，还要经受一年当中最为炎热的天气考验。比起身体的辛劳，茶农们更焦心的是茶叶的销路。尤其是2023年春茶季高峰期比往年晚了足足有一个月，有人认为是天气干旱所致，也有人认为是受农历闰二月的影响，总之进入5月份古树茶才迎来了第一拨旺采期。面对5月份头拨采摘的古树茶饱受非议的情形，茶农们着实犯了难，各种各样的称呼都有，可叹就是没个好听的名分。纵使品质相当不错，价格实惠，也少有人买。

当地人都爱“款古经”，这个是方言俚语，那情形神似说评书，内容多是历史传说。还真就让人从中找到了灵感，那可是真实的历史记载。易武茶文化博物馆中现存有一方清代光绪年间的半截碑，碑文上铭刻着普洱府思茅厅所下的公文，每年农历二月初十至五月初十封宾采办贡茶，过去这条公文一直让人费解，直到遇上2023年这特殊的情形，才算是理解了下发政令的清政府官员的良苦用心。到了公历5月底都还没出农历四月，整个公历5月份多数日子都是适合采茶做茶的晴好天气，放在清代都还在普洱贡茶采办期限以内，笃定无疑是头采贡茶了。现在说起来普洱贡茶，大家都觉得是无上的荣耀，以前却是压在老百姓身上大山般沉重的负担。生活在六大茶山上的先民，品尝到的都是承办普洱贡茶的苦果。当代生活在六大茶山上的百姓，才受益于普洱贡茶的名分。茶山上代代相传着一首歌谣："红山对黑山，牛角对弯弯，谁人识得破，买下金银山。"这首歌谣传唱的是六山先民的心声，直到如今人们才实现了梦想。先民们创造的文化，留下的古茶山，既是绿水青山，更是金山银山。

5月中旬，连续三天降雨过后，迎来了大晴天，气温急遽上升。生长在茶乡，躬身事茶二十多年的象明商会会长卫成新先生笃定头拨古树茶将迎来洪峰期。已经有茶农朋友发出了感叹："不采吧，又不甘心看着茶叶发老；采吧，实在是有点儿干不赢。"赶上天气预报未来几日连续晴好天气的加持，茶农们冒着烈日酷暑天气，赶在雨季来临之前抢采古树茶，错过一季，就是一年，每年收益的高低，就主要看这一季的收成。

赶在茶季结束之前，卫成新先生每天都不辞辛苦开车载着我逐个考察蛮砖茶山的村寨。这种细致的考察让我深切意识到蛮砖茶山可真大呀！有一次卫成新先生说："蛮砖茶山有十三个村寨有古树茶。"算来算去，总是不够数。还是旁边有人提醒他说："你忘了算你们曼庄了。"卫成新先生自己也大笑起来。寻访蛮砖茶山期间，大都住在曼庄卫成新先生家。从曼庄去往蛮砖茶山各个村寨都很方便，俯瞰地图不难发现，曼庄就位于蛮砖茶山茶马古道的中心枢纽，过去就叫蛮砖寨，新中国成立以后才改名叫作曼庄。相当长一段时间，都是曼庄村委会的驻地。直到后来行政区划调整后，曼庄村委会才搬到了象明街上。

人文地理上的蛮砖茶山曼迁寨子，在行政上隶属于象明彝族乡曼庄村委会曼迁村民小组。实在户 67 户，328 口人。曼迁人不无自豪地宣称自己是纯正的香堂人村寨，香堂人被划归彝族，成为象明彝族乡的民族符号，逢年过节的时候，都是能歌善舞的香堂人作为主力登台展示民族风采的高光时刻。文化的交流、民族的融合，使得六大茶山衍生出丰富多彩的生态文明，生发出无限的魅力。

茶山上的先民为了讨生活经常搬迁，有时一个寨子的印迹会在另一个寨子找到佐证。现在居住在曼林的何伟家保留下了三页《何氏家谱》，里面清楚地记载："原籍倚邦下山蛮谦老寨人士。"现在的曼迁在以前写作"蛮谦"。

蛮砖茶山的古茶村落中，曼迁邻近易武，从易武沿象仑公路前往象明，首先要经过的就是曼迁。曼迁古茶园集中在丫口寨片区，也叫大茶园。

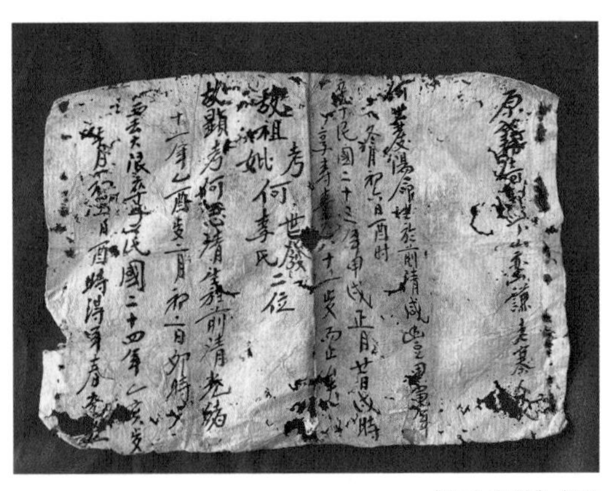
故祖 考 何世發
妣 何李氏 二位

《何氏家谱》书影

历史上在这附近有个回族千家寨，后来整寨迁徙离开了茶山。往象明方向三公里就是曼迁老寨，再走三公里就是曼迁新寨。同属香堂人寨子，曼迁和落水洞都是从老寨一起搬迁到新寨的。公路以上就是曼迁，公路以下就是落水洞。两个寨子总是如影随形，紧紧挨在一起居住生活。曼迁人笑称就是因为寨子经常搬来搬去才叫这个名字，实际上每次搬迁的缘由都不尽相同，最近一次搬迁是为了集中解决村民的饮水难题。

5月下旬，与卫成新先生、仓才惠女士一同驱车前往曼迁，这次我们直奔大茶园。大茶园的入口处搭建了一个不起眼的亭子，旁边矗立着一块大石头，上面刻着“曼迁古茶园”，一个火红色的箭头指向入口，落款是“二〇二三年曼迁村民小组立”。

曼迁古茶园入口

穿过入口处的茶亭，沿着步道往下走，一路曲折迂回穿行在林间。早年政府投资修建了这条曼迁古茶园里的观光步道，只是很少有人涉足此地。脚下这条步道超过两公里长，路两边南北宽三公里，四处遍布古茶树，曼迁古茶园分布在方圆六平方公里的范围内。面积之大，让人叹为观止。

5月份的茶山，正是一年当中最热的时候。没过多大工夫，每个人都大汗淋漓湿透了衣衫。一路走一路补充水分，很快随身携带的一瓶矿泉水就见底儿了。沿途路过的箐子里溪水潺潺，找块石头压住现采的芭蕉叶，就做成了一个方便过往人们接水的天然漏斗。卫成新先生是土生土长的茶山人，谙熟当地人的风俗习惯，早就空空如也的矿泉水瓶子这会儿又派上了用场，接了满满一瓶子山泉水，仰头痛饮，满脸都是畅快无比的表情。虽然看上去叫人十分羡慕，但是作为外来人，身体适应性不同，并不敢轻易效仿。

汲取山泉水

沿途不时可以见到枝干上挂满累累硕果的波罗蜜，还有路边栽种的菠萝，只是还不到成熟的季节。卫成新先生说："这个菠萝是本地的原生品种，看起来个头小小的，熟了以后酸甜适口相当好吃。"说者无心，听者有意。早就嗓子冒烟的我，只觉得更加干渴难耐了。

即将抵达观光步道的尽头时，一棵二十多米高的大树倒伏下来横在路上，阻断了往来摩托车的通行。恰逢一个身形瘦小的妇女背着满满一袋子鲜叶擦肩而过，沉重的脚步声和呼吸声声声入耳。一米半宽的步道，既可供人步行观光，也可供摩托车驮运鲜叶。按理不应该出现大树倒伏在路上无人清理的情况，旁边采茶的小伙子说出了缘由：“路下方的茶地主人不同意锯断树干，怕树干移动伤着自家的茶树。”

倒伏在路上的大树

观光道的尽头有一个供人休憩的茶亭，沿着亭子边的陡坡往上爬，年轻的茶农李华正在采鲜叶。伴随2023年5月份茶叶洪峰期的到来，即便是头拨采摘的古树茶，随着农历春茶节气的渐行渐远，鲜叶的价格一路下行，许多茶农选择直接售卖鲜叶，以减少损失。以家庭为单位的小农经济体，在市场的浮沉中会做出最有利于自身的抉择。

观光道尽头附近的茶园中有一棵大茶树，茶树的主人在地头竖了个牌子，打出了蛮砖茶树王的招牌，还印上主人的名字和电话。近年来普洱名山古树茶的热潮席卷了各个村寨，就连茶农都已经熟稔了商业宣传的手段。

壬寅年冬月就曾约同倚邦贡茶历史博物馆馆长徐辉棋先

生与曼迁村民小组长杨仕来过一趟，当时为了节省时间，骑了两辆摩托车，一路风驰电掣直奔茶王地。恰遇茶王树的主人家正在给茶园除草，沿着陡坡一路连滚带爬下到茶王树跟前。当时就问主人家为什么不修一条小路，主人回答说："路不好走就有很多人来看，修了路来看的人就更多了。"为了保护能够给自家带来丰厚收益的茶树王，主人家有自己的考虑。

曼迁茶树王合影

此次前来，茶王树的主家不在，我们便没有再去探看茶王树，眼看时间不早，迈开脚步返程。

好不容易走回茶园的入口处，看看茶亭里布满灰尘的凳子，也就没了坐下休息的心情。直接坐上车往回走，路过曼迁老寨一家相熟的茶农在公路边搭建的简易门面房，卫成新先生停下车带我们去喝茶。这家茶农联合了相熟的几家人组建了一个合作社，说起曼迁茶近年的市况，新冠疫情三年期间还算过得去，2022 年疫情防控放开了，2023 年的行情反而更差了。在他看来，普洱茶的大企业对蛮砖茶山的销售几乎没起到啥带动作用，价值高的古树茶不收，就连小树茶也嫌贵不收。曼迁的古树茶至少有3000亩，小树茶超过30000亩。2023年天旱茶叶减产，往年单单是曼迁一个寨子，小树春茶的产量至少30吨，古树茶的产量也在3吨以上。末了叹了口气像是在喃喃自语：“这么多的茶叶，要卖到哪里去呢？”眼前修修停停的象仑公路，载重卡车驶过荡起滚滚烟尘，遮挡住了视线，连路面都看不清楚了。

回到曼迁寨子里，已经是华灯初上的时分，茶农王自斌家的初制所灯火通明，客户亲自上手炒茶做示范，然后嘱咐茶农按自己的要求来加工。这热火朝天炒茶的场景，让人有种久违的亲切感。

夤夜做茶忙

离开曼迁往回走，耳边仿佛又响起了壬寅年秋月初来曼迁时茶农说过的一番话：“曼迁的茶适合做基料，嫁鸡随鸡嫁狗随狗，跟谁都合得来。”我当时笑着回应说：“从来佳茗似佳人，唯有曼迁最可心。”登时赢得众人一片笑声。

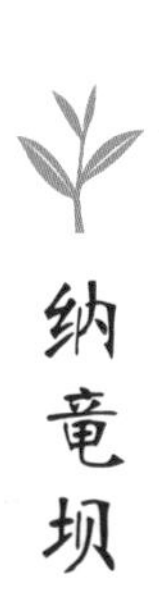

纳竜坝

癸卯年的茶季可真漫长呀！5月份才进入了旺采期，比起往年整整推迟了一个月。这忙碌的场景，既有几分熟悉，又有几分陌生。以往春茶的旺季，茶农不光要忙着采茶炒茶晒茶，还要招待蜂拥上山的人，既有茶商，还有观光客，一派热火朝天的景象。2023年可倒好，整个4月份，古树茶都不怎么发，面对热等新茶上市的客户，多数茶农无茶可卖，等到5月份茶树大发了，山上却看不到客商的人影了。

究其缘由，有天气的因素，春节以后，茶山上几乎没有下过一场像样的雨，纵使动用了人工降雨的手段，也没有起到改善茶山旱情的作用，在大自然的面前，人的力量显得微不足道。长时间持续的干旱，一眼望过去，植物都有种焦灼感。植被遮阴不足的茶园，古茶树的叶子掉落了一地，小茶树枯死了不少。生态环境好的茶园，临近沟箐有些水汽，茶树多多少少发了一些，却又被人采了去。按说是不采最好，留着养树。可是人也要活路，又不得不采了去。遭遇极端气候，茶树与人相互依存的生态平衡被打破了，深层次的矛盾显现无遗。

4月底5月初连续几场降雨，彻底缓解了茶山的旱情。大自然用这种无声的方式宣示自己的主导权。连续晴好的天气，气温持续上升，蛰伏沉睡的茶园终于苏醒过来，枝头萌发出新绿。5月中旬持续三天的降雨后，天气晴朗，气温急遽升高，茶园终于迎来了久违的爆发期，一眼望去，满山满园的新绿。随处可见茶农忙碌的身影，少了穿梭往来的茶商，忙碌中又透露出几分冷清。

时值5月底，地处河谷的象明街酷热难耐。一直陪同我在蛮砖茶山各个村寨访茶的卫成新先生收到亲戚的邀请函，一早儿就出发去易武做客了。头天晚上就做好了妥帖的安排，交代他的大女儿卫江茜开车带我去纳竜坝访茶。若非常年扎根象明做茶的卫成新先生指引，绝难想象到蛮砖茶山会有那么多出产古树茶的村寨，其中不乏在

采茶

鲜叶

普洱茶友心目中寂寂无闻的村寨，当我们亲身涉足这些村寨，就像是打开了一个万花筒，从中可以窥见一个普洱茶的美丽新世界。

离开象明街，江茜驾驶着牧马人越野车在坑洼不平的象仑公路上颠簸前行。这位90后姑娘早已经自主创业，主打面向年轻消费者的茶叶产品。一身干练的职场女性衣装，戴着一副墨镜，开起车来狂飙突进，真是又美又飒。不同于许多年轻人只想找个安稳的工作，江茜对做生意充满了热爱，还在读大学的时候，就开始摆摊做起了买卖。从小生长在茶乡，耳濡目染，父辈躬耕茶业的潜移默化，自身的商业志向，使她投身茶行，踏上新茶路的漫漫征途。

车行十多公里后，右转驶入么连寨岔路，穿过寨子，直奔前方的纳竜坝。回想过往十多年奔赴蛮砖山访茶的历程，无数次途经纳竜坝前往瓦竜，但从未在此驻足。一条路串起来了么连寨、纳竜坝和瓦竜，相比于前方的瓦竜与身后的么连寨，地处中间的纳竜坝，在如天上繁星般璀璨的蛮砖茶山村寨中几乎找不到存在感，这不由让人生出了好奇心。

江茜熟门熟路地将车辆停放在了纳竜坝寨心广场边上一户人家的一楼，放眼望去，地处蛮砖高山上平坝中心的纳竜坝，整体上仍然保持了完整的傣族村寨风貌，清一色的传统干栏式建筑风格的傣楼，一楼放置交通生产设施，二楼用来居住生活。

楼梯声响，旁边傣楼上走下来一个年轻的傣族小伙，笑容满面地同我们打招呼，他就是卫成新先生给我们安排好的地接——岩金。岩金家对面就是他建的初制所，他叫来了同村的岩温扁与岩温邦一起喝茶。初制所门口的三角梅在酷烈的阳光下尽情绽放恣肆艳丽的身姿，江茜提议趁上午还算凉爽先去茶园看看，于是大家动身驱车出发。岩温扁与岩温邦坐上了我们的牧马人，岩金骑着他的摩托车，一前一后驶出了寨子,沿着土路往山上飞奔而去。地处蛮砖山上最大的坝子，四下都是开垦过的耕地，让我有种看到北方家乡风貌般的恍惚感。直到车辆抵达山顶，下车沿着土路进入到郁郁葱葱的茂密树林里，才重又把我飘扬的思绪扯回到现实中，眼前都是亚热带雨林景象。高大的林木下方，有人正在忙着采摘古树茶，身着傣族服饰采茶的是岩金媳妇儿依罕。依罕是个典型的傣家女子，不仅人长得秀美，还勤劳能干。古茶树大都生长在陡峭的山坡上，茶农顺坡往古茶树上搭了一两根竹竿当作梯子。身姿轻盈的依罕站在简易的竹竿梯子上，采茶的手法熟稔无比。阳光透过枝叶间隙洒在她身上，宛如一幅动人的人物风景画。林木下面放置着茶农的蜂箱，飞进飞出的蜜蜂忙着采蜜。幸福的生活都是靠劳动创造的。

临近中午，岩金骑摩托车载着依罕先行回去了，这对热情好客的傣家夫妇忙着回家准备午饭。同车的岩温扁与岩温邦提议带我们去看一棵大茶树，这正合我们的心意。开车一路回到连通纳竜坝与么连寨水泥路的半途，将车辆靠边停放，岩温扁与岩温邦头前引路，我们紧随其后。沿着生产路没走出多远，就折向陡坡上的小路一直下行，数百米过后，顺着他们两个指引的方向看过去，一棵高杆茶树映入眼帘。为了一探究竟，继续手脚并用地下到这棵高杆茶树的旁边。仅就我们亲身行走过的蛮砖茶山的各个村寨来说，眼前属于纳竜坝的这棵高杆树无疑是最高的，堪称蛮砖茶山高杆茶树王。抬头仰望这棵高杆茶树，人显得异常渺小。为了方便采摘，专门搭架，只能采到顶端的两层新叶。旁边有棵斜生的大树，为了防止它万一倾倒危及高杆茶树，专门用了两根钢丝缆绳绑牢树干后拉紧固定好。同样的树木，因其给人带来的经济价值不同，待遇也就天差地别。

蛮砖高杆茶树王

此行直线距离倒是不远，只是坡度太过陡峭，连呼带喘地爬上山坡，回到公路上。冒着酷暑高温来回走路，汗水湿透了衣衫，坐进车里的第一件事就是喝水，来时装了一杯开水，此时依然是热乎乎的，咕咕咚咚牛饮后，人才缓过神儿来。

回到纳竜坝岩金家中，依罕已经准备好了饭菜。这种传统的傣族风格干栏式建筑，难以抵挡这般高温酷暑天气，转个不停的风扇吹出来的都是热风，吃个饭的光景如同蒸桑拿，每个人都是大汗淋漓。

午饭过后，再三召唤，好不容易才把纳竜坝村民小组组长岩应罕叫了过来，见我们只是找他聊天，他才放松下来。当地傣族的男男女女都有着羞怯内敛的性格，似乎对于跟外人打交道不太适应。熟悉了以后，却是极好相处。纳竜坝的高杆茶树就是岩应罕家的，当我问明了这棵树的身价后，他笑嘻嘻地说：“明年这棵树就包给你了。”

象明乡四大茶山中，纳竜坝是唯一拥有古茶树的傣族村寨。纳竜坝的名字来自傣文音译，翻译过来的意思是“仙人迷路的地方”。整个寨子实在 28 户、139 人，古树茶总面积有 400 多亩。他们自称自己是“汉傣”，住的是傣楼，穿的是傣族服装，生活习惯受汉族人的影响，就连节日都随汉族的习俗。

岩金家一楼的柱子上拴了两个吊床，炎热的午后，躺在摇摇晃晃的吊床上，伴着穿堂而过的风，不知不觉间进入了惬意的梦乡。

炒茶

晒青毛茶

临近傍晚时分，暑气尚未消退，太阳下仍旧热浪灼人。依罕手脚麻利地烧起了灶火，岩金戴上手套开始动手炒茶。岩应罕、岩温扁与岩温邦围绕在灶台旁，边炒茶边交流，这几乎成为了茶乡的常态。手工炒制后的杀青叶，摊在簸箕中略作摊晾，接下来轮到依罕手工揉制，而后分开来撒了两簸箕抬出去日晒，夫唱妇随的制茶生活贯穿了整个茶季。茶季的日常劳作，在外来者的眼中或许是一道风景，在茶农的心中只不过是年复一年的寻常生活，他们默默地期盼着能有更多的客商来到这里，将这辛辛苦苦做出的古树茶货之远方。

当天早早完成了寻访任务，就在我们发动车辆，将要离开纳竜坝的时候，岩金把事先装好的一袋子古树茶不由分说地递到我手中，年轻帅气的脸庞上依旧挂满了笑容。这让我再度回味起了纳竜坝古树茶的滋味，就如同这傣家人的性格，柔糯中带有筋骨，甜美中隐含苦感，却又有着回甘隽永的韵味。只是不知道，又有多少喝茶人，能够品味出这茶背后的世情百态。

瓦竜

瓦竜的美在山，瓦竜的美在水，瓦竜最令人着迷的莫过于深藏山野气韵的古树茶。

人文地理上的瓦竜属于蛮砖茶山，行政上隶属于象明彝族乡曼庄村委会瓦竜村民小组。这个地处深山多民族聚居的村寨宛如世外桃源般美好，却有着谜一样的身世。

借由现代交通建设，瓦竜得以与外部世界连接得更为顺畅。过往进出瓦竜，都是沿象仑公路行驶至么连寨岔路口，沿着连通么连寨、纳竜坝的水泥路通往瓦竜。如今进出瓦竜，沿着象仑公路行驶至松树林岔路口，往松树林途经万亩茶场的水泥路至纳竜坝，再汇入通往瓦竜的道路。过纳竜坝傣寨后途经一座小桥，瓦竜村民小组在此立了个牌子，申明保护瓦竜茶的措施，这在整个蛮砖茶山的村寨中都是绝无仅有的做法，可见瓦竜人珍视与保护自己村寨古茶树招牌与信誉的拳拳之心。

瓦竜周边山水形胜，风景优美，喀斯特地貌造就了奇异的地质景观,却藏于深山不为外界所知。代代相传的口头传说，更为这片人间乐土披上了一层神秘的色彩。

距瓦竜寨子两公里处有一个龙潭，每年进入雨季之后，八方来水汇于此处，碧波荡漾的龙潭现于世间，潭映天色山接水，见者无不沉醉于眼前瑰丽秀美的景色。待到旱季来临，龙潭之水消失无踪。年复一年，旱季与雨季往返交替，龙潭水涨水落，宛若云中之龙时隐时现，引得世人争相称颂。龙潭背靠石人崖，面朝纳竜坝，宛如一块晶莹的翡翠镶嵌在这个高山坝子上。石人崖顶上原本有块巨石，远远望去，宛如身挎宝刀、头戴帽子矗立守卫的卫士。崖下还有块巨石形如白象。传说龙潭有位美丽的小龙女，每年丰水季节的月圆之夜，会带着一头白象、一名卫士在此沐浴。由于天机泄露，龙女蒙羞，卫士与白象受罚化身岩石，听凭风雨雷电的鞭笞。每天石人崖迎接清晨的第一缕阳光，送走傍晚的最后一道晚霞。它知道这片土地上的秘密，守口如瓶沉默矗立。

传说是现实的倒影，习俗是文化的传承。老人们的记忆中，以前橄榄坝的傣族会来龙潭诵经赕佛。广袤无际的茶山曾经都是傣王的领地，适宜农耕稻作的肥沃坝子都归傣族掌控，在这高山上的平坝，也是傣家的热土。无论是传说中带着白象与卫士在龙潭中沐浴的小龙女，还是来此赕佛诵经的傣族人，折射出的都是统领此地的傣家文化符号与映像。生活在这片土地上的人来了又走，曾经发生在这片土地上的故事随风飘散，古老的历史衍化成了传说，藏于内心的记忆形成了习俗。

癸卯年春节甫过，约同倚邦贡茶历史博物馆馆长徐辉棋先生一起到瓦竜茶农许志强家中小住，他唤来瓦竜村民小组组长苏振华，还有他本家的爷爷许少华，虽然许少华大不了他几岁，但按辈分就得这么称呼。接连几天，我们一同去探看了瓦竜地界内的自然景观。

先去的是龙洞，五个人合乘一辆四轮摩托车，车厢里放了四个塑料板凳供人乘坐。看起来精瘦的苏振华开车迅猛，才只过了半途，猛然一个甩尾转弯，许志强身形摇晃了一下，屁股底下的塑料板凳“咔嚓”一声裂开了，失去了座椅，只好半蹲着乘车。坡陡弯多，道路坑洼，强忍着颠簸一路飞奔，满心渴盼早点抵达目的地，也就顾不上乘车好不好受了。

三公里过后，四轮摩托车驶进山梁上的一个农家院，这里住着的是红河来包地的胶农。即便许志强他们是瓦竜本寨人，却并不常来，于是又向胶农确认了龙洞的方位才继续前行。身形壮实的中年汉子许志强心很细致，专门给我砍了根粗细合适的竹竿作拄棍。一路穿行在橡胶林里，厚厚的落叶踩上去很滑。又走了数百米后，开始沿着陡坡一路往下。幸亏有拄棍支撑身体保持平衡，否则怕是早就滚下坡去了。眼前的丛林挡住了去路，并无任何路径可循。早有准备的几人，抽出随身携带的砍刀，硬是披荆斩棘砍出一条通道。耳畔由远及近传来水流的声响，转过一道山崖，下方就是龙洞了。最后这几十米的距离，手脚并用，硬生生沿着悬崖爬了下去。

眼前的崖壁上裂开一道缝隙，清澈的溪水潺潺流淌，在洞口汇聚成了一汪水潭，又欢快地向峡谷里奔流而去。当地人传说这条溪流会周期性水涨水落，或许正值旱季，我们没能一睹这道奇观。他们几个人忍不住好奇，步入洞中一探究竟。半晌的时间从洞里鱼贯而出，争相把用手机拍摄的钟乳石奇观给我看。徐辉棋的手里多了块椭圆形的石头，近看酷似恐龙蛋化石。怀里紧紧抱着沉甸甸的意外收获，在临近傍晚的时候返回到瓦竜。

龙洞

龙洞化石

隔天我们一行五人驾乘一辆皮卡车直奔天生桥，离开瓦竜新寨，穿越森林，途经瓦竜旧寨，驶过漫山遍野的橡胶林，沿途翻山越岭，全程都是土路，只有十多公里的路程，却耗费了将近一个小时。天生桥地处磨者河上一段深山峡谷，两岸壁立千仞，河谷中水流湍急，满目青山如画，景色雄浑壮美。

民国 27 年（1938）赵思治《镇越县志》记载：“天生桥在茅草地，距县城十余里。磨者河奔流至此，两岸山脉排闼连锁，相距咫尺，一步可渡，因名曰天生桥。其下水流湍急，飞若丹沙，怒若雷霆，下临无地，股栗欲堕，大有巫峡风味。惟其地偏僻，不当孔道，仅徭人往来，故知者绝少。赵公题云：‘一线波澜地腾蛟，两岸峡锁天生桥。可怜河底百卷藤，不如岩上一枝蒿。’”

放眼望去，天生桥横亘在峡谷两岸，下方是水流冲刷出来的巨大溶洞。立身桥头，一条弯曲的小路隐没在丛林中，对岸是高耸入云的山崖，身后是位于半山腰连通勐仑与象明的简易公路。这种地势并不适合借天生桥修建往来两岸的道路，却是天造地设的地质景观点。桥头建有台阶，一路通往桥下的溶洞。置身于巨大的溶洞中，顿感人的渺小。举目仰望溶洞的穹顶，奇形怪状的钟乳石林立，阳光穿过孔洞照射在水面上，脚下清澈见底的河水流过溶洞奔向远方。头顶是成群纷飞的燕子，眼前是结伴而来的游客。正值农闲的时节，桥上桥下游人如织，俨然成为一个热门景点了。

天生桥

返回的路上，我们陷入了沉思，天生桥究竟是不应该开发成景区，保留野趣，还是应该开发成景区，迎接八方客呢？就像我们一路穿越的橡胶林与国有林，冬日里落叶满地的橡胶林成了大地上抹不去的伤痕，四季里绿树常青的国有林维系着生态底线。如何保持开发与保护之间的平衡，有时是一道难解的题。

现代交通方式的变革重塑了茶山村寨的面貌，茶山上古村寨的奥秘隐藏在茶马古道连接的传统交通网络里。当我们不断去探寻茶马古道的遗迹，那凝结在时光中的历史场景徐徐铺展在人们的面前。

兴味不减的一行五人分乘三辆摩托车，出了瓦竜寨子，沿着田间地头的小道一路飞奔两公里，就到了一条小河边。眼前这条发源于曼庄地界的河流，曼庄人习惯上称为干箐河，完全是写实的称呼。瓦竜人许永志深爱家乡的山川土地，在他所著的《河边有个瑶族村》一书中，称其为甘泉河，这无疑是诗意的命名了。在这条小河上曾经修建有一座瓦桥，这条河也就跟着叫瓦桥河。

甘泉河廊桥遗址考察

瓦桥是当地人通俗的称呼，充满生活气息。准确的名称叫廊桥，连带出浪漫的想象。如果时光可以倒流，一定可以看到桥上穿梭往来的马帮和行人。旅途劳累的行人在此落脚休息，三三两两地坐在一起款白，美滋滋地吹上一竹筒旱烟。打来甘甜的溪水煮上一壶老帕卡，大碗痛饮解渴。马儿在河边饮水，悠然地啃食青草。脑海中浮想联翩的画面映衬出岁月的无情与现实的残酷，这座曾经迎来送往的小桥，如今只有河岸一侧还残留有巨大敦实的桥基。许志强挽起裤腿下到河里，不一会儿就打捞出几片残瓦。大家抡起带来的锄头稍加清理，地面连通桥基的茶马古道就显露出来，一路蜿蜒通向曼庄方向。遗憾的是我们最终未能找到建桥的功德碑，也许它就静静躺在泥土中，等待重见天日的那一天。

瓦竜寨子旁边就有一段茶马古道，怀揣梦想的瓦竜人，期冀通过修复茶马古道来带动旅游业，进而促进茶产业发展。他们按照自己的设想新修了一段茶马古道，还在古道上架起了一座桥梁，修建了一个观景亭。我们深知他们为此付出的艰辛和不懈的努力，也知道无论是筹集项目资金，还是统筹各方都绝非易事。想象与现实之间总是有巨大的鸿沟，我特意在这条路上走了走，就像这脚下坎坷的道路一样，梦想的实现艰巨而漫长。

许永志矢志不渝、苦苦追寻瓦竜的历史，他的书中最动人的篇章都是在书写瓦竜，字里行间饱含他对家乡的深情。曾经行人络绎于途，人欢马叫的茶马古道，如今不再承载交通的功能，虽然已经入列全国重点文保单位，但留下来的只是断断续续的一些路段，再也不复曾经的辉煌。地处深山的小村寨，它们的命运似乎注定了会被世人遗忘。后人努力打捞出一些记忆的碎片，想尽办法拼接出历史的脉络。

瓦竜人祖辈相传的记忆中，当地曾经有一个江西会馆，只是年深日久，不知遗址的所在。旧时代有为活着的人建庙，为过世的人立碑，修路架桥都要立功德碑的习俗。可动荡的年代里，山上的古墓被挖，墓碑被敲烂。找不到记载历史信息的碑刻，便失去了考证瓦竜历史的一条有效途径。

瓦竜人提起曼崂有一种颇为矛盾复杂的心态。距离瓦竜最近的曼崂，整寨人在民国年间消失了。一种说法是仇杀所致，因为曼崂富家大户强抢邻寨姑娘成亲，被抢的姑娘自杀后，邻寨人屠村作为报复。另一种说法是瘟疫所致，社会条件的落后，使整个寨子遭遇了灭顶之灾。无论是哪一种说法，结局都太过惨烈。只有极个别人逃脱了出来，在唯一有可能知道内情的人过世之后，曼崂衰亡的因由就成了一个谜团。

曼崂寨子再也无人居住，恢复成了庄稼地，听说瓦竜人种田时挖出过银元、铜钱和玉镯子。许志强曾经挖出过半个玉镯子，思虑再三又扔了回去。或许曼崂的传说听上去太过惊悚，以至于瓦竜人连残破的曼崂老物件都不敢触碰。偏偏瓦竜人承继了曼崂人留下的古茶园，获得了古树茶收益的瓦竜人对此又心怀感念之情。

民国 30 年（1941）至民国 32 年（1943）基诺族起义是

影响六大茶山历史进程的重大事件，易武大地主杨安元充当了反面人物典型。许永志在书中做了补充描写，富甲一方的杨安元还占着瓦竜的好茶。他还在书中记录了王少和的事迹，民国 37 年（1948），王少和在瓦竜许少华父亲的家中召集人员开会部署反攻易武的计划安排。作为自卫军反攻易武策划地，许少华父亲家的旧址于 2014 年被列为勐腊县革命遗址。

想从碑刻中获取瓦竜的历史信息不可得，传说中曼崂消亡得又太过惨烈，书籍中的记载或告阙如，或不得其详，不得不转向其他的渠道。听闻杨光海家有一本家谱，我们就主动找上门去。家谱承载着一个家族的历史记忆，《杨氏家谱》的记载极为简略，但就是他家在新中国成立后出了个光彩的先进人物典型杨顺祥，1958 年担任合作社社长，1971 年参加勐腊县“农业学大寨”参观团远赴山西昔阳县实地学习。杨家阁楼上还存放着 1958 年办大食堂用的铁锅，已经成为铭记时代记忆的文物了。

瓦竜是 1958 年搬拢在一起的村寨，瓦竜在傣语里就是“大庙房”。因为生活用水困难，在纳竜坝种地离得又远，1974 年搬来现址。瓦竜新寨位于山梁上，户籍 58 户，实在户 38 户、158 人。西双版纳有 13 个世居民族，瓦竜就住着十多个民族。有许、李、杨、刘、苏等姓氏人家。古茶园分为曼崂、落水洞、大箐片区，总面积 600 余亩。乔木茶的种植面积超过 1000 亩。橡胶林 5800 亩，大多已经被承包给红河文山来的苗族经营。寨子里的稻田面积超过 200 亩。茶叶是村民最主要的经济来源，茶产业已经成为寨子里的主导产业。近年来家家户户都

采茶

已经盖起了新居，购置了车辆，生活安详富足。

2023 年 5 月下旬，赶在茶季的高峰期来到瓦竜。茶农许志强开着他的皮卡车带着我去位于森林深处的古茶园兜了一圈，优良的生态环境给予了古茶树庇护，相比而言瓦竜 2023 年头春的收成要好过许多村寨。路上他还顺手拔了一捆苦笋回家做菜。我们顺道还去了一趟寨子边上的茶地，恰逢茶农正在采摘一棵高杆茶树，为了保护茶树搭了十几米高的架子，人爬上去之后显得身形格外渺小。许志强将辛苦采下来的鲜叶摊在新鲜的芭蕉叶上，动作轻柔，呵护婴儿般小心翼翼。每片鲜叶都来之不易，值得用心对待。更何况，眼前的茶

鲜叶摊放

晒青毛茶汤色

晒青毛茶干茶

关乎全家的生计。

家庭作坊式的生产模式在茶山最为常见，本质上就是一种小农经济的承载体，得益于近些年普洱茶产业的兴旺，许多茶农家庭依托古茶树资源，凭借勤劳的双手，日子过得红红火火。许志强夫妻两人既要炒茶，还要压饼，全套工序都靠自己动手，实际上从事的是初精制一体化的茶叶加工。在他朴素的观念看来，这是让自家与客户都更方便的做法。

这些年，茶农们越来越注重自家的茶室，瓦竜寨就有好多家的茶室非常别致。许志强家茶室的位置居高瞰下，透过四面落地玻璃窗，青山环抱的纳竜坝尽收眼底。斜靠在躺椅上，喝一杯山野气韵深长的瓦竜森林古树茶，任凭思绪飘荡。傣族的神话，瑶族的传说，汉族的故事，交织在一起，如同雨后彩虹般绚烂。古老的历史，随着岁月消逝正在渐渐被人淡忘。当下的现实，鲜活的小人物与寻常的事件每天都在上演。历史应当被铭记，当下值得被记录，无数平凡世界里的人物与事件，演绎出了茶山不朽的传奇。

后记

向下扎根，向上生长

岁月的长河里，时间从不由人。

即将过去的一年，比起往年更加忙碌。但凡有点空闲，就会往山上跑，缘由就是茶。“本自出山原”，茶是土里生长的植物，它的奥秘便潜藏于山川土地里。

倚邦徐辉棋先生，做过十八年倚邦村委会干部，现在还兼任倚邦贡茶历史博物馆馆长。我曾经笑言：“这恐怕是全国等级最低的博物馆了，但对于普洱茶文化的重要性不言而喻。”算起来，我们相识已经有十多年了。过往的三年，大多数时候我都住在茶山上。有一次相聚喝茶，徐馆长突然郑重地提了一个要求：“马老师，你来茶山这么多年了，能不能给象明四大茶山专门写本书？”我毫不迟疑地回答：“写书肯定没问题，但是要耗费一大笔资金。”

徐馆长闻听此言，语气坚定地告诉我：“资金不是问题，我们想办法。”由此，我就开启了本书的写作，同时，徐馆长也开始多方筹集资金。最先站出来鼎力支持的是勐腊县象明商会会长卫成新先生。在徐辉棋先生、卫成新先生的带领下，大家发起了一场众筹出书活动。普洱贡茶之乡象明的众多茶农踊跃捐资，人人都想为宣传自己的家乡尽一份力。据我所知，这在以往茶书出版的过程中是从未有过的。

出版这本书的初心，就是为了给象明乡四大茶山做宣传。为了能够做到客观、真实地记录，本书的出版过程中既没有申请政府补贴，也没有寻求企业赞助，纯粹依靠茶农个人名义的捐资。

为了铭记象明乡村村寨寨茶农们的深情厚谊，作为活动负责人的徐辉棋先生、卫成新先生，把参与众筹的每个人的名字都记录了下来，还给每人都拍了张身着民族服装的照片，做成了致敬茶人的影像合集。我们还商定，待新书出版后，给每位参与者都赠送一本书，同时还要颁发一本捐赠证书。以此来铭记这场意义非凡的文化活动。

有朝一日，当我们回首往事，会发现生逢盛世茶兴的年代，以茶为业、依茶为生的一群普通茶农们，在国家实施乡村振兴战略的时代背景下，用最平常的方式，做了一件意义非凡的大事。他们的故事，值得被书写，更值得被赞颂。

为了不辜负乡亲们的期望，我们尽力把每个细节都做扎实。直到 2023 年岁末的最后一天，我们仍然奔波在路上。难得与徐辉棋先生、卫成新先生相聚在一起，我随口问了一句：“过去这一年，为了写这本书，我们怕是仅在象明乡就开车跑了几千公里的路吧！”他们两位不约而同地点头称是。这又有谁能想到呢？在这片广袤的土地上，我们居然跑了那么多的路。但我深信，所有的付出都是值得的。

经过反复商酌，我们将这本书定名为《大倚邦传奇》，副书名是《从倚邦到象明：四座古茶山的前世今生》。从前的倚邦，现在的象明，它的命运一直都与四座古茶山紧密相连。我尝试用不同的方式来书写，但凡有历史记载的古老村寨，都尽可能地对文献进行解读。寻觅不到历史记载的村寨，就对当下村寨的生活进行记录。我们现在读到的历史，都是由过去的人书写而成。我们记录下当代人的风貌，目的是留给后人来看。古往今来人文历史的记载，代代有人书写传承。

多少次寻茶入深林，看茶树置身山林之中，向下深深地扎根汲取养分，向上生长直插云端，沐浴阳光雨露。想来，这不仅仅是茶树的自然特性，这也是每个茶人的自我期许。

马哲峰

2023 年 12 月 31 日于象明乡